LAYOUT

Layout Design

版式设计 设计师必备宝典

宋刚 编著

清华大学出版社
北　京

U0681395

内 容 简 介

本书主要讲解版式设计的理论和应用知识,希望能够引导读者了解、体验版式设计中的构成要素、视觉要素的表现特点,提高对版面的把握能力,加深对设计的理解,从而启发读者通过版面的构成来创造性地表现内容。

本书共 14 章,分别为版式设计概述、版式设计要素、版式设计中的文字编排、版式设计中的图形编排、版式设计中的色彩搭配,以及卡片、海报、DM 宣传页、户外广告、宣传画册、杂志、报纸、包装、网页的版式设计,全面解析了版式设计的各方面知识,完全抛开了有关设计软件的内容,而是运用可以激发创意、扩展设计思路的方法对版式设计内容进行讲解。

本书内容丰富、结构清晰,注意思维锻炼与实践应用,不仅可以作为各大艺术院校设计专业的教材,也可以作为各类设计从业人员的参考用书。

图书在版编目 (CIP) 数据

版式设计——设计师必备宝典 / 宋刚 编著 . —北京:清华大学出版社,2017(2021.9重印)
ISBN 978-7-302-47070-0

Ⅰ . ①版⋯ Ⅱ .①宋⋯ Ⅲ .①版式—设计 Ⅳ .① TS881

中国版本图书馆 CIP 数据核字 (2017) 第 114108 号

责任编辑:李 磊
封面设计:王 晨
责任校对:成凤进
责任印制:沈 露

出版发行:清华大学出版社
        网   址:http://www.tup.com.cn,http://www.wqbook.com
        地   址:北京清华大学学研大厦A座   邮   编:100084
        社 总 机:010-62770175   邮   购:010-62786544
        投稿与读者服务:010-62776969,c-service@tup.tsinghua.edu.cn
        质 量 反 馈:010-62772015,zhiliang@tup.tsinghua.edu.cn
印 装 者:三河市铭诚印务有限公司
经   销:全国新华书店
开   本:185mm×210mm   印   张:13.6   字   数:395千字
版   次:2017年6月第1版   印   次:2021年9月第5次印刷
定   价:79.80元

产品编号:073901-02

前　言
PREFACE

　　设计师总是不断遇到这样的问题——如何赋予不同内容以合适的外观？如何调动视觉元素、外在形式传达思维信息与受众沟通？这是设计的关键所在，也是设计师必备的基本功。

　　很多人认为版式设计就是将图像和文字内容在版面中进行随意编排，这完全是一个误区，版式设计的最终目的在于更好地传递版面信息，只有做到主题鲜明、重点突出、一目了然，并且具有独特的个性，才能够达到版式设计的最终目标。

　　本书的编写着眼于实际工作应用，并不在某一具体的应用软件上深入介绍，而是力求让读者对版式设计的基础知识、概念、方法有全面的认识。全书共分14章，各章内容如下。

　　第1章　版式设计概述，主要介绍版式设计的基础知识，包括版式设计的目的、意义、内容、发展趋势、常见类型以及基本流程等相关内容，使读者对版式设计有更加深入的了解和认识。

　　第2章　版式设计要素，主要介绍版式设计中点、线、面、肌理和色彩等要素的设计与表现方式，使读者全面了解版式设计中的各种元素。

　　第3章　版式设计中的文字编排，主要介绍版式设计中的文字，以及版式设计中常见的文字编排方式、文字的特殊表现方式等内容，使版面中的文字更加清晰、易读，具有很好的表现效果。

　　第4章　版式设计中的图形编排，主要介绍版式设计中图片的多种处理方式和编排形式，且理解图片在版式设计中的作用，使读者能够在设计的过程中合理地对图片进行排版处理。

　　第5章　版式设计中的色彩搭配，主要介绍色彩的相关基础知识，以及如何在版式设计中通过色彩更好地突出表现版面的主题、空间感和情感。

　　第6章　卡片的版式设计，主要介绍卡片版式设计的相关知识，包括卡片的构成元素、构图方式、卡片版式的设计要求等，并通过多个案例的设计分析，使读者能够理解卡片版式设计的方法与技巧。

　　第7章　海报的版式设计，主要介绍海报版式设计的相关知识，包括海报版式设计的特点、构成、设计流程以及创意方法，并通过多个案例的设计分析，使读者能够理解海报版式设计的方法与技巧。

　　第8章　DM宣传页的版式设计，主要介绍DM宣传广告的设计要求、设计流程、构成要素和构图方式等内容，并通过多个案例的设计分析，使读者能够理解DM宣传页版式设计的方法与技巧。

LAYOUT DESIGN

第9章　户外广告的版式设计，主要介绍户外广告版式设计的相关知识，包括户外广告的特点、设计流程、构成要素、设计要点等内容，并通过多个案例的设计分析，使读者能够理解户外广告版式设计的方法与技巧。

第10章　宣传画册的版式设计，主要介绍宣传画册版式设计的相关知识，包括宣传画册的版式类型、版面诉求要点、设计流程以及版面构成要素等内容，并通过多个案例的设计分析，使读者能够理解宣传画册版式设计的方法与技巧。

第11章　杂志的版式设计，主要介绍杂志版式设计的相关知识，包括杂志的版面尺寸、设计元素、设计流程，以及杂志版式设计的原则，并通过多个案例的设计分析，使读者能够理解杂志版式设计的方法与技巧。

第12章　报纸的版式设计，主要介绍报纸版式设计的相关知识，包括报纸版面的常见开本和分类、设计流程、构成要素等内容，并通过多个案例的设计分析，使读者能够理解报纸版式设计的方法与技巧。

第13章　包装的版式设计，主要介绍包装版式设计的相关知识，包括包装设计的尺寸、基本流程、版面构图以及版面构成要点等内容，并通过多个案例的设计分析，使读者能够理解包装版式设计的方法与技巧。

第14章　网页的版式设计，主要介绍网页版式设计的相关知识，包括网页版面的尺寸、构成要素、设计流程以及网页版式设计的原则，并通过多个案例的设计分析，使读者能够理解网页版式设计的方法与技巧。

本书主要针对设计专业学生和设计从业人员，从版式设计的发展、设计原则、造型要素和美学形式、视觉流程和应用等方面，系统阐述了版式设计的基本概念和实践方法，同时通过大量国内外优秀的设计作品进行说明，希望对读者有所启迪。衷心希望本书能够为读者提供积极有效的帮助，激发创作的灵感，帮助大家踏上版式设计的成功之路！

本书由宋刚编著，另外李晓斌、张国勇、贾勇、胡卫东、陈亚军、孟权国、史建华、遆玉婷、鲁莎莎、张淼等人也参与了部分编写工作。本书在写作过程中力求严谨细致，为读者呈现最好的内容和效果，但书中难免有疏漏和不足之处，恳请广大读者朋友批评指正，提出您宝贵的意见和建议。我们的服务邮箱是wkservice@vip.163.com，电话是010-62784710。

编　者

目 录
CONTENTS

第3章 版式设计中的文字编排　46

第4章 版式设计中的图形编排　62

第5章 版式设计中的色彩搭配　82

第6章　卡片的版式设计

第7章　海报的版式设计

第8章 DM 宣传页的版式设计　　141

第9章 户外广告的版式设计　　161

第10章 宣传画册的版式设计　　177

第11章　杂志的版式设计 　194

第12章　报纸的版式设计 　212

第13章　包装的版式设计 　229

第14章 网页的版式设计

第1章 ↘
版式设计概述

　　过去一讲到版式设计，人们自然把它局限于书籍、刊物之中。还有人认为版式设计只是技术工作，不属于艺术范畴，所以不重视它的艺术价值。更有的人认为版式设计只要规定一种格式，放上字体、图形即可，而不需要其他设计。这些都是保守的、传统的工作模式和认识上的误区。

　　本章将向读者介绍版式设计的基本概念与应用范围，以及版式设计的意义、内容、发展趋势等内容，使读者对版式设计有更加全面、深入的理解和认识。

LAYOUT DESIGN

1.1　了解版式设计

随着知识经济的发展，人们步入了以视觉为主体的信息时代，图书、广告招贴、网页、多媒体等方面的设计形式在全方位地影响着人们的视觉感受。不同的年代有着不同的材料和技术，但就版式构成的形式而言，还需要有贯穿于材料和技术之间统一的美学构思。如今的版式设计，作为现代设计艺术的重要组成部分和视觉信息传递的主要手段之一，也从单纯走向了多样化。

1.1.1　版式设计的基本概念

在《现代汉语词典》中，"版式"的释意为"版面的格式"；在《辞海》中，释意为"书刊排版的式样"。从版式设计的内涵来看，《辞海》将"版式"限定在书刊排版的范畴是一种狭义的解释。广义的版式，应该是指各种平面设计形态中的文字、图形展示时的具体样式，甚至包括那些立体对象中的某种特定的平面状态。

版式设计，也被称为版面编排。所谓编排，就是将特定的视觉信息要素（如标题、文稿、图形、标志、画面、色彩等），根据主题表达的需求，在特定的版面上进行的一种编辑和安排。编排是制作和建立有序版面的理想方式，所以称为版式设计。如图 1-1 所示为出色的印刷品版式设计。

图 1-1

版式设计是平面设计中最具有代表性的一大分支，它不仅在二维的平面上发挥着作用，而且在三维和四维的空间中也能够感觉到它的效果，例如包装设计中的各个特定的平面，展示空间中的各种识别标记的组合以及都市商业区中悬挂的标语、霓虹灯等。

1.1.2　版式设计的作用

如果说设计是社会文化发展中人类意识的一种实现过程，那么版式设计就是人们在这种版面的信息传递过程中体现出来的一种艺术行为和文化行为。社会上的人们在追求美的同时，也在要求速度。生活节奏和经济发展的加快，印刷系统和印刷条件的改观，使平面广告从设计制作到分色印刷轻易就能做到图文并茂、一目了然，并将各种信息能够最快地通过精美的印刷传递出去，于是版式设计就成为不容忽视、不可缺少的重要环节。

　　在商业设计中，版式设计是一个建立在准确功能诉求与市场定位基础之上、以有效传播为导向的视觉传达艺术。它将营销策略转化为一种能与消费者建立起沟通的具体视觉表现，通过将图、文、色等基本设计元素进行富有形式感及个性化的编排组合，以激发人们的兴趣去感受事物，并说服人们去相信事物。如今的版式设计范围涉及报纸、杂志、书籍、画册、产品说明书、挂历、海报、广告、唱片封套、网页等平面设计的各个领域，如图 1-2 所示。它所包含的元素主要有文字、图片、插图、线条、图表、色彩之间的配合；更细致一点的还包括文字的字体、字号的确定，标题、表格的设计等，如图 1-3 所示。它是在一定的平面中，确定文字的排版形式、文字的行间距、插图或表格的大小和位置、版面装饰物及色彩的使用等。

图 1-2

图 1-3

　　现如今的版式设计已经打破了原有的单纯的编排技巧，通过设计的视觉化与形象化，传递着现代的文化理念、特定秩序、美感体验等丰富的信息，以引起阅读者的关注，为具有传播功能的各种媒体增添更多的附加值。其设计原理和理论贯穿于每一个平面设计的始终，目的是为了更好地传播客户信息，使消费者在第一时间感知信息。如图 1-4 所示为出色的版式设计。

图1-4

1.1.3　版式设计的应用范围

　　在现代设计的概念中，版式已不再是单纯的技术编排，版式设计是技术与艺术的高度统一体。而信息传达的途径依靠的就是设计的艺术。随着社会的不断进步、生活节奏的加快和人们的视觉习惯的改变，要求设计师更新观念，重视版式设计，吸收国内外现代思潮，改变我们以往的设计思路。版式设计几乎涵盖了所有的出版物设计和网页设计，具体包括出版物版式设计、广告版式设计、促销产品类编排设计、企业形象应用编排设计、网页版式设计等。

1.　出版物版式设计

　　如报纸版面、杂志版面、书籍版面设计等，如图1-5所示。

图1-5

2. 广告版式设计

如招贴海报、户外广告等各种类型的宣传广告，如图 1-6 所示。

图1-6

3. 促销产品类编排设计

如商品包装设计、DM 宣传页设计、POP 广告等，如图 1-7 所示。

图1-7

4. 企业形象应用编排设计

如信纸、信封、名片、产品目录等，如图 1-8 所示。

图1-8

5. 网页版式设计

如各种类型的多媒体网页版式设计等，如图 1-9 所示。

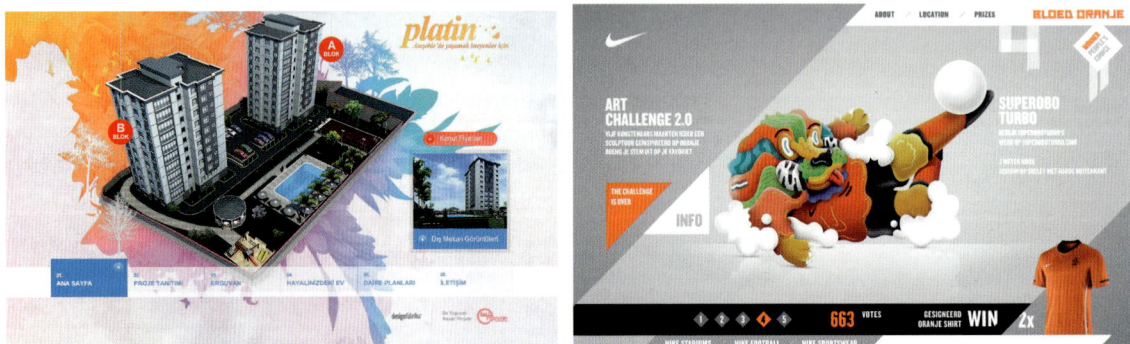

图1-9

当今社会是以信息为基础加上高科技发展的设计时代，信息革命正如 19 世纪工业革命那样，改变了世界的面貌，影响着整个人类社会和人们的日常生活。人们的视觉不可能同时接受纷繁复杂、即将"爆炸"的信息，往往只关注那些具有较强视觉冲击力和那些引人入胜并能提起兴趣的信息。因此，作为视觉信息传达的版式设计，要想增加自身的吸引力，就必须按照艺术的形式特点和人们的视觉感受规律来设计。

版式设计肩负着双重使命，既是信息发布的重要媒体，同时又要让读者通过版面的阅读产生美的遐想与共鸣，让设计师的观点与涵养能够进入读者的心灵。版式设计应该在尊重信息传递这一功能性的基础上考虑其艺术性。设计师不仅要把美的感觉和设计观点传播给观众，更重要的是利用合理的版式设计广泛调动观者的激情与感受。

1.1.4　版式设计的艺术实践

在我们赖以生存的生活空间中，无论是在嘈杂的公共环境，还是在温馨的家庭居室，随时随地都可以找到新颖、美观或是陈旧、蹩脚的版式设计例证——从大街小巷的标牌文字，到无孔不入的广告版面；从争奇斗艳的商品包装，到良莠不齐的书刊报纸……我们无时无刻不在所谓视觉信息的包围中。可以说，版式设计是现代社会信息传播不可或缺的重要组成部分。优秀的版式设计，既能引导、左右人们的视线，又能让人在接受它所传递的信息的同时，受到情趣的感染或创意的启迪；低劣的版式设计，既不能引发人们的欲求，也达不到理想的传播信息的目的，更不要说陶冶情操或拓展思维了。

版式设计是艺术设计专业的基础，是平面设计的一个重要组成部分。版式设计对设计者来说是由基础向专业设计过渡的承上启下的重要内容，它是广告设计、装帧设计、包装设计、VI 设计等课程的前期铺垫。设计者对版式设计驾驭能力的强弱，直接影响到其平面设计水平的发挥。

一幅作品集中了设计师的智慧、情感与想象力，运用各种文字、图形，使它们按照视觉美感和内容上的逻辑统一起来，形成一个具有视觉魅力的作品，一个被设计者赋予情感的作品，是最能够打动观者的，如图 1-10 所示。

图 1-10

1.2　版式设计的目的与意义

　　人们一般借助于各类媒体来了解身边的世界。处于信息时代的今天，平面媒体依然是人们获取信息的重要渠道，通过阅读可以知晓曾经发生、正在发生以及可能发生的事件。如何简捷有效地让受众找到其所需要的资料与信息，轻松方便地与其进行交流和互动，在饶有兴趣学习的同时感受视觉美，是平面设计永恒的追求。

1.2.1　版式设计的目的

　　人异于其他动物之处在于具有语言和思想，人的社会属性更是决定了人与人之间的必然联系。为了交流与沟通，人们需要清晰地表达思想，版式设计的第一个目的是促成清晰有效地传递信息；为了更好地表达自己，必须找到并运用最合适的表达形式，让受众主动而非被动地接受信息，这是版式设计所具有更深层次的功能与意义。

　　进行平面设计离不开版面的设计，这是平面设计的基础。版面的构成要素包括文字、图形、图像、色彩、线条等，但设计不是对这些要素的简单罗列，这些无声的视觉符号需要设计师斟酌安排，使之具有形式美的含义。版式设计的作用并不显现在表面上，它决定着平面设计的基本结构、设计的基调，设计中的结构是内敛而隐藏的，它藏匿在漂亮而感性的图形背后，无声地体现着设计中理性的规范。如图 1-11 所示为报纸和杂志的版式设计。

图 1-11

1.2.2　版式设计的意义

　　现代版式设计的灵魂是版式传递的信息清晰与否，版式编排是否新颖和吸引人。在保证经济效益的同时，应该注重精神生活的质量，更应该强调个性发挥下的表现力。作为现代设计艺术的版式设计已构成视觉传达的公共方式，为人们构建新的思想和文化观念提供了空间，成为人们理解社会的重要界面，它注重激发读者的激情，以轻松、自然、有趣和亲切的艺术效果，将画面深入到读者内心情感中去。如图 1-12 所示为菜单折页和画册内页的版式设计。

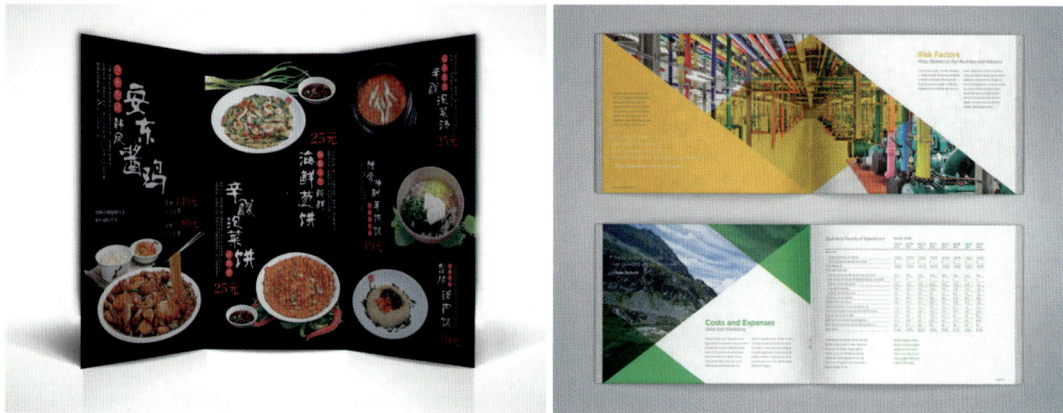

图 1-12

1.3　版式设计的内容

在现代设计中，版式设计的重点是对平面编排设计规律和方法的理解与掌握，其主要内容主要包含以下几个方面。

1.　对视觉要素与构成要素的认识

视觉要素和构成要素是版式设计的基本造型语汇，就像建房的砖瓦，它们是组成任何平面设计的基础，视觉要素包括形的各种变化和组合、色彩与色调等；构成要素则包含空间、动势等组合画面。对视觉要素与构成要素的认知与把握，是版式设计的第一步。

2.　对版式设计规律和方法的认知与实践

版式设计构成规律和方法是对平面编排设计多种基础性构成法则的总结，与视觉要素和构成要素的关系就像语言学中的语汇和语法。这其中包括了以感性判断为主的设计方法和以理性分析为主的设计方法，对构成规律和方法的认知与实践是掌握版式设计的关键。

3.　对版式设计内容与形式关系的认知

正确认识并把握形式和内容的关系是设计创作的最基本问题。内容决定形式是设计发展的基本规律，设计的形式受到审美、经济和技术要素的影响，但最重要的影响要素是设计对象本身的特征。

理解内容与形式的关系，恰当运用形式将内容表现出来是平面设计专业学习的基本课题。

4. 对多种应用性设计形式特点的认知与实践

平面设计种类很多，在各自功能、形式上又有很大的变化，在版式设计过程中应该清楚地认识和把握各种应用性设计（包装、招贴、广告、海报、POP 等）的特点。如图 1-13 所示为各种不同类型的平面版式设计。

图 1-13

1.4 版式设计的发展趋势

随着科技的发展和信息社会的到来，催生了各种媒体的发展与更新。电子媒体传递的多样化，已成为当今最具吸引力的版面构成因素。作为现代设计艺术的版式设计已经成为世界性视觉传达的公共语言，其发展趋势呈现以下几个特点。

1.4.1　强调创意

平面设计中的创意分为两种，一种是针对主题思想的创意；另一种是版面编排设计形式的创意。将主题思想的创意与编排技巧相结合的表现，已经成为现代版式设计的发展趋势。在版面编排的创意表现中，文字的编排具有强大的表现力，它生动、直观，富于艺术的表现力与传达力。文字与图形的配置已经不再是简单的、平淡的组合关系，而是更具有积极的参与性和创意表现性，通过构思新颖的编排创意达成最佳配置关系来共同表现思想和情感，为设计注入更深的内涵和情趣，是编排形式的深化及形式与内容完美的体现。如图 1-14 所示为富有创意的版式设计。

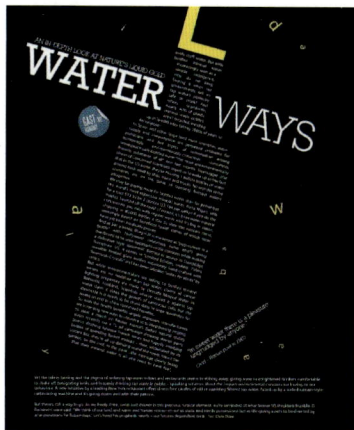

在该杂志版面的设计中并没有使用任意图形，完全使用文字进行排版设计，将文字内容排版为酒瓶的形状，与该版面的内容相呼应，具有很好的创意表现效果。

该海报设计中将绿色蔬菜处理为丛林，将肉制品处理为山峰，构成一幅美妙的大自然景象，非常富有创意，也能够带给受众新鲜、自然的感受。

图 1-14

1.4.2　突出个性

在版式设计中，追求新颖独特的个性表现，有意制造某种神秘、无规则的空间，或者以追求幽默、风趣的表现形式来吸引读者、引起共鸣，是现代版式设计在艺术风格上的流行趋势。

每种设计潮流的发展和共识，都离不开对新风格的无止境的追求。其中文字除有效传达信息之外，它在版式设计中从来没有像今天这样吸引设计者对它的偏好与瞩目。图形可以有效利用其本身所具有的趣味性进行巧妙的编排和配置，以营造出一种妙不可言的空间环境。而色彩在经过巧妙组织后，则能够使版面产生神奇美妙的视觉效果。如图 1-15 所示为个性化的版式设计效果。

在该版面设计中，通过在人物与背景上覆盖矩形色块，使得人物与背景看起来融为一体，文字内容放置在版面的右侧，通过不同的字体大小和颜色来区别不同的内容，清晰、易读。

该杂志版面使用黑白人物头像作为版面满版背景，在版面局部位置点缀黄色的背景与文字，使得版面的表现效果鲜明、突出，富有个性，给人留下深刻印象。

在该杂志版面中，在灰色背景的衬托下卡通主体图形的表现效果非常抢眼，将沿曲线排列的文字放置在曲线条幅图形上，为版面添加活力，产生韵律与节奏感。

图 1-15

这种通过文字、图形和色彩的编排所制造出的独特形式，给版面编排注入了更深的内涵与情趣，使其进入了一个更新更高的境界，摆脱了陈旧与平庸，为设计注入了新的生命与活力。

1.4.3 传递情感

"以情动人"是艺术创作中奉行的原则。从当今世界上各大媒体的发展趋势来看，版面编排在表现形式上正朝着艺术性、娱乐性、亲和性的方向发展。由过去那种千篇一律、硬性说教、重视合理性的版面形式，取而代之深化为一种新文化、新艺术、新感受、新情趣，更加具有魅力。这种极具人情味的观赏性与趣味性，能迅速吸引观众的注意力，激发他们的兴趣，从而达到以情动人的目的，如图 1-16 所示。

图1-16

在该宣传画册的内页版面中使用暖色系的色彩进行搭配，暖色系本身就能够给人一种温暖、舒适的感受。将跨页版面进行左右分割，一侧使用可爱的婴儿照片作为版面的满版图片，另一侧则是相关的文字介绍内容，使用色块来突出重点文字内容的表现，整个画册版面让人感觉温馨、有爱，很好地传递了所要表现的主题情感。

在版面编排中，文字编排表述最富于情感的表现。例如文字在"轻重缓急"的位置关系上，就体现了感情的因素，即轻快、凝重、舒缓、激昂。另外，在空间结构上，水平、对称、并置的结构表现严谨与理性；曲线与散点的结构表现自由、轻快、热情与浪漫。此外，出血版使感情舒展，框版使感情内蕴，留白富于联想，黑白富于理性等。合理运用编排的原理来准确传达情感，正是版式设计更高层次的艺术表现。如图1-17所示为文字在版式设计中的情感表现。

该音乐会海报使用纯白色作为版面背景，在背景中搭配灰色的曲线图形，主题文字以竖排方式放置在版面的左侧，并将部分文字隐藏，其他文字同样以竖排方式放置在版面的右下方，整个版面运用大量留白，表现出传统、清新、淡雅的风格。

该活动海报采用自由的版面构成，将处理后的人物素材放置在版面中间，使用大号的毛笔字体来体现主题内容，并且将主题文字处理为流金的效果，视觉效果非常突出，整个版面表现出一种大气磅礴的视觉效果。

图1-17

1.4.4　突破技术

　　21 世纪是数码设计的时代。现代版式设计势必也受到意识形态、表现艺术的影响，并随着技术的变革进入了全新的时代。电视媒体动态化的视觉表现，对版式设计形成强烈的冲击，给版式设计带来了实现创意的无限潜能和高效率。版式设计以往通常是在二维状态中进行创作，在经历二维程式化的设计之后，设计师们开始致力于探索新的界面，力求打开新的思维空间。

　　而数码媒体和多样化组合的崭新手法，不仅使人与人之间相互联系的方法发生变革，也渗透到视觉设计领域。运用计算机对影像合成、透叠、方向旋转，图像的滤镜特殊技巧等多种处理方式，形成了一个多维空间版面，人的想象随着时空概念的变化而延伸。这种构成方式，使版式设计不再是一个简单、单一的构成关系，而逐渐从二维向三维到四维空间延展，构成了多视点、矛盾性空间层次的立体化，以此刺激观者，产生出前所未有的艺术形式。正是这种无限的表现手段，使其摆脱了以往大量手工的操作，而有更多的时间进行多种形式的创意和思考；此外，日益细分的市场、品牌的个性化也产生出无数使人耳目一新的版式设计风格。这将成为当今版面构成的又一发展趋势，如图 1-18 所示。

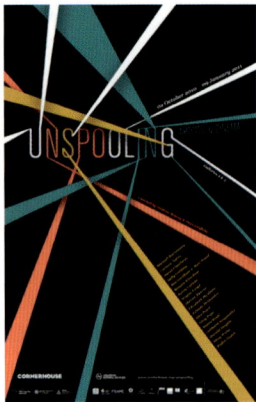

　　该海报版面使用黑色作为版面的背景色，通过多条不同颜色的色块图形与主题文字相连接，仿佛主体文字投射向四面八方，使得版面具有很强的层次感和空间感。

　　在该活动宣传海报的设计中，在版面中心位置放置主体图形，将人物与各种电影相关的元素，如胶片、音符等，完美地结合在一起，形象而富有创意地表现海报的主题，在版面的角上放置简洁的说明文字，版面构成大气、简洁。

图 1-18

1.5　版式设计的常见类型

　　一般来说，受众对版式的注意是一种选择性注意。选择性注意是受众对版面进行选择阅读的基本心理特征，只有好看的内容与好看的编排形式完美结合，才能被受众认定为好的信息传达。所以依据要传达的信息内容和资料进行版式类型的选择，在整体信息传达过程中显得尤为重要，下面对版式设计中常用的一些类型进行归纳总结。

1.5.1　骨骼型版式

版式设计中的骨骼是指在一幅版面中各造型元素摆放的骨架和格式。骨骼在版式设计中起着支配构成单元距离和空间的作用。具体设计中可根据诉求内容、信息量的多少、图片与文字的比例等情况按照骨骼比例规则进行编排配置。

规则的骨骼版式虽然具有序列性，但版面变化空间不足，容易给人带来呆板、机械、缺乏活力的感觉，故使用时需要有意识地做一些变化处理，例如运用富于变化的标题或在四栏的文字中沿骨骼线插入占据二栏或三栏的图片，产生版面局部跨栏的对比，从而使版面理性而不失活泼感。如图 1-19 所示为采用骨骼型版式的设计。

图 1-19

在该画册版面中，左侧页面使用骨骼型版式对内容进行编排，在横向上分为三栏，下面两栏又再竖向分为三栏，整个版面的条理非常清晰、严谨。

提示　骨骼中的分栏是指文字、图形按照一种方式、一定区域的编排，可以使图文的编排富有序列感。分栏的宽窄直接影响文字、图形的编排。常用的骨骼型版式有横向栏和竖向栏，具体又可以细分为通栏、双栏、三栏、四栏等。

1.5.2　整版型版式

此类版式一般用于商品广告的宣传中，以商品形象或与企业有某种关联性的人物、景物、器物等具有典型特征的图片，直观地展示诉求主体，具有一目了然的视觉感受，视觉传达效果直观而强烈。

文字配置压置在上下、左中或中部（边部或中心）的图像上。整版型版式能够给人大方、舒展的感觉。如图 1-20 所示为采用整版型版式的设计。

在该杂志封面的版式设计中，以满版的时尚女性摄影作为封面的主体，与该杂志的主题以及受众群体相吻合，简洁的搭配风格，更好地体现出时尚感与主题。

在该海报的版式设计中，以满版的商品图片进行直接诉求，采用拟人化的手法，将商品设计成超人的形象，寓意该产品所带来的非凡感受，视觉冲击力强，创意精妙。

图 1-20

1.5.3　对称型版式

对称是表现平衡的完美状态，是一种力的均衡。对称这一形式体现了形态组合、形态结构的整体性、协调性与完美性，给人一种美好的视觉感受，也是人们生活中常见的一种构成形式，如中国传统的建筑形式等。

对称分为绝对对称和相对对称，一般多采用相对对称的手法，以避免过于严谨。对称型版式一般以左右对称居多，给人稳定、理性的感受。如图 1-21 所示为采用对称型版式的设计。

在该杂志版式设计中，采用了对称的版式构图，将图片放置在版面上方，将文字内容放置在版面下方，使版面的表现非常稳定。

该 DM 宣传页采用了对称型的版式构图，宣传图片放置在版面的上方，介绍内容放置在版面下方，中间使用弧形线条进行过渡，使得版面的表现更加自然、和谐。

图 1-21

> **提示**　由于对称型版式设计过于稳定，反而显得缺少变化，另外从人的视觉需求上来说，也不满足于完全对称的形式。因此设计时可以在保持整体对称的基础上，寻求局部的变化。这种变化是有限度的，要根据力的重心进行量的调整，使其量感达到平衡，形象有所差别。例如使用图形或文字元素，穿插、连贯于上下或左右版式之间，使版面产生局部的变化，这样就会比完全对称的形式更富有活力。

1.5.4　上下分割型版式

上下分割型版式是指将整个版面分割成上下两个部分，在上半部分或下半部分配置图片，可以是单幅图片，也可以是多幅图片，另一部分则配置文字。整个版面图片部分感性而富有活力，而文字部分则理性而静止。如图 1-22 所示为采用上下分割型版式的设计。

该画册跨页版面使用了上下分割型的版式设计，跨页的下方放置大幅的满版图片，上方则充分运用留白，放置少量的主题介绍文字，使得版面的功能划分非常清晰、自然，下半部分的满版图片给读者带来很强的视觉冲击力。

图 1-22

1.5.5　左右分割型版式

左右分割型版式是指将整个版面分割为左右两个部分，分别配置图片和文字。左右两部分形成强弱对比时，造成视觉心理的不平衡，这仅仅是视觉习惯（左右对称）上的问题，不如上下分割型的视觉流程更加自然。如图 1-23 所示为采用左右分割型版式的设计。

1.5.6　中轴型版式

将主体图形元素沿版面的水平线或垂直线的中轴进行排列，由于主体元素排列在版面的中心位置，所以能够给人以强烈的视觉冲击效果，主体突出，诉求效果明显。如图 1-24 所示为采用中轴型版式的设计。

图 1-23

左右分割型的版式设计在画册跨页版面中非常常见。该画册版面采用了不等比例的左右分割，版面层次划分清晰，大幅图片有效增加了版面的视觉效果，左右分割位置的缺口设计，打破生硬的分割，使版面的表现效果更加活跃。

该海报版面采用中轴型版式设计，将产品图形沿版面的中轴线垂直放置于版面的中心位置，而介绍文字内容则是沿水平中轴线进行排列，给人以稳定、安静、平和与含蓄之感。

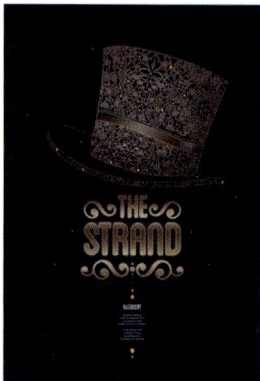

该海报版面采用中轴型版式设计，将主体图形与文字内容沿垂直中轴线进行排列，帽子图形放置在上方，主题文字放置在下方，给人形象的感觉。垂直排列的中轴型可以给人带来动感的效果。

图 1-24

1.5.7 曲线型版式

将主体视觉元素呈曲线状排列的设计形式即为曲线型版式。图形与文字沿几何曲线或自由曲线方向排列，形成一种较强的动感和韵律感，并呈现出有起伏的节奏感。由于曲线有运动感、弹性的特质，常给人以自由、优雅的感觉。如图 1-25 所示为采用曲线型版式的设计。

1.5.8 倾斜型版式

在版式设计中，形象元素呈倾斜排列可以使版面具有飞跃、向上或向前冲刺的动态感觉。倾斜型排列与水平排列、垂直排列给人完全不同的感受，水平排列、垂直排列给人平静和肃立感，而倾斜排列则将力的重心前移，具有一种动感和向前冲的力量，其动态引人注目。如图 1-26 所示为采用倾斜型版式的设计。

在该海报版面中，不仅将文字内容进行倾斜处理，与小提琴图形相结合，并且将文字沿曲线路径进行排列，仿佛是小提琴演奏出的旋律，给人无限的想象空间。

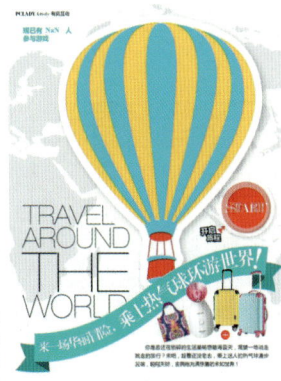

在该海报版面中，在灰色背景的衬托下卡通主体图形的表现效果非常抢眼，将沿曲线排列的文字放置在曲线条幅图形上，为版面添加活力，产生韵律与节奏感。

图 1-25

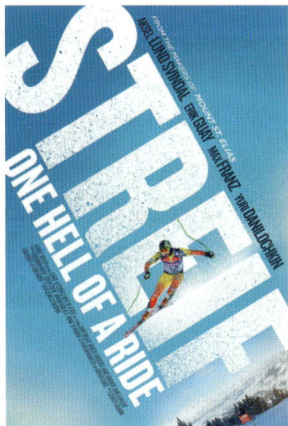

在该海报版面中采用倾斜的版式设计，将海报的背景图片进行倾斜处理，将主题文字内容倾斜放置在对角线位置上，使得海报的整体具有强烈的动感效果，让人印象深刻。

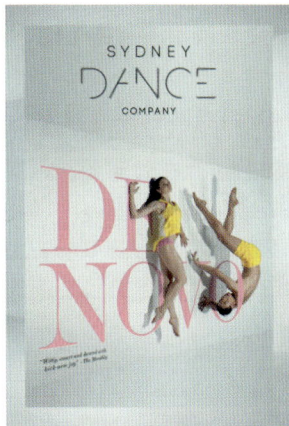

在该海报版面中采用倾斜的版式设计，将海报中的主题内容与图片进行整体的透视倾斜处理，使版面表现出很强的立体空间感，创意新颖、独特，具有良好的视觉效果。

图 1-26

1.5.9　重心型版式

重心型版式就是在版式设计中以主体图形或文字元素构成画面中心或焦点进行主题内容传达，而其他元素则围绕中心排列。由于这种版式中心明确、主题突出，更有利于设计主体信息的有效传达。在设计中，画面中心有的是以图形或文字直观表现，有的则是以间接的形式表现，例如"以满衬空"的表现手法。此外，重心型版式还可以具体细分为向心式版式、离心式版式、同心式版式等。如图 1-27 所示为采用重心型版式的设计。

1.5.10　重复排列型版式

设计中的重复形式是指同一性质的视觉元素连续、有规律地出现在画面上，能够使画面形象有序、整齐，并形成富有节奏韵律感的视觉效果。版式中的重复形式体现在将相同或近似的单元骨骼、形象元素反复排列。重复表现手段的特征是形象的连续性，这种连续性反映在人们的视觉中，不仅能保持原有形象的特质，而且还会增加视觉趣味，产生安定、平衡、有序等视觉感受，使画面形成有规律的节奏韵律感，并获得既有变化又和谐统一的效果。如图 1-28 所示为采用重复排列型版式的设计。

该海报版面采用向心式版面设计，将版面的主题文字以大号字体放置在版面的中心位置，其他内容则围绕在版面的四周，并通过图形指向重心，最特别的是版面中的内容都进行了水平翻转处理。

该海报版面的设计非常简洁，在淡雅的纯色背景的中心位置放置创意图形，这也是版面的视觉焦点，其表现效果非常突出，其次目光才能够转移到右下角的产品外观图形上。

图 1-27

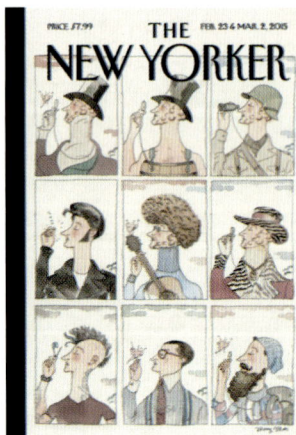

该杂志版面使用重复排列的方式进行设计，在版面中重复排列各种不同职业的人物插画，重点突出该版面的主题。重复的元素可以使版面的视觉效果显得更加丰富。

该海报版面使用重复排列的版式设计，在海报版面中重复排列不同人物与产品的合影照片，但又对这些照片进行了大小尺寸不同的处理，使得版面的表现效果非常丰富，重复表现该海报的主题。

图 1-28

1.5.11　指示型版式

这种版式是对明显的视觉结构进行指示安排的一种表现方法。指示型版式一般以图形或文字元素按一定的动势进行排列，或以箭头、线条、色彩作为形态诱导，最终将受众的视线引导至所传达内容的核心画面，以达到广告宣传的目的。如图 1-29 所示为采用指示型版式的设计。

该旅游画册版面使用了指示型版式设计，在版面下方分别以圆形图片搭配简短的文字来介绍每天的行程安排，人的视觉顺序总是从上到下、从左至右的，所以在介绍内容的处理上，使用线条将每天行程的圆形图片连接在一起，在阅读的过程中当看完第一个就会顺着线条的指示继续阅读下去，版面内容清晰、有条理。

图 1-29

1.5.12　自由型版式

自由型版式是将画面主体视觉元素、图形或字体呈现分散的状态进行排列，具有很大的随机性和自由性。它打破了常规、理性、规则的排列方法，使版式呈现出极强的动感和空间感。另一方面，自由型版式虽然貌似一种无意的版式排列，实质上也是设计者有意识、精心设计的一种表现形式。如果不假思索，随意摆放设计元素，将会给人带来视觉和心理上的凌乱感受。如图 1-30 所示为采用自由型版式的设计。

该杂志版面采用自由型的版式设计，将各种产品图片进行去底处理，在版面中进行自由排列，图片与文字的混合，使版面给人一种活泼、亲近的感觉。

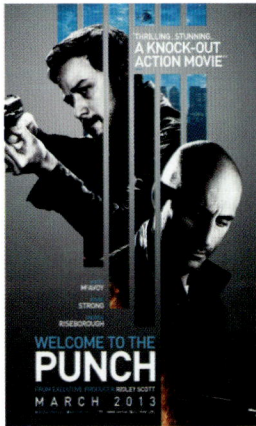

该电影海报版面采用自由型的版面设计，无规律的编排构成，使版面看上去具有活泼、轻快的感觉，也使得版面的表现更加自由，矩形形状图形的添加，使版面表现出很强的动感和空间感。

图 1-30

1.6　版式设计的基本流程

要想设计出出色的版式，首先需要了解版式设计的基本流程。遵循合理的版式设计流程，有利于对设计的项目有一个清晰全面的认知，使设计工作更加顺畅有效进行。

1.6.1　深入理解项目的主题

首先需要明确设计项目的主题，根据主题来选择合适的元素，并考虑使用什么样的表现方式来实现版式与色彩的完美搭配。只有明确了设计的项目，才能够有准备、合理地进行版面的设计。如图 1-31 所示为不同主题项目的版式表现效果。

商品包装　　杂志主题版面　　海报

图 1-31

1.6.2　明确在版面中需要传递的信息

版式设计的首要任务是向用户准确地传达所要传递的信息。设计师首先需要明白版式设计的主要目的和需要传达的信息，再去考虑合适的编排形式。在对文字、图形和色彩进行合理搭配以追求版面美感的同时，对版面中信息的传递也需要准确、清晰。如图 1-32 所示为不同类型版面中信息的表现。

1.6.3　定位目标群体

版式设计的类型众多，有的中规中矩、严肃工整；有的动感活泼、变化丰富；也有的大量留白、意味深长……作为设计师，不能盲目地选择版式类型，而需要根据读者群体的特点进行判断。如果读者是年轻人，则适合时尚、活泼、个性化的版式；如果读者是儿童，则适合活泼、趣味的版式；如果读者是老年人，则选择常见的规整版式，并且在版面中使用较大的字号会比较合适。因此，在进行版式设计之前，针对设计的读者群体进行分析定位是非常重要的一个步骤。如图 1-33 所示为不同目标群体的版面设计。

时尚画册内页

图 1-32

　　该杂志版面主要面向时尚、个性的年轻女性，版面采用随意自由的版式结构，通过多个不同风格的女性模特在版面中前后放置，搭配简洁的文字，表现出时尚、个性的氛围。

　　该儿童夏令营宣传三折页的设计，使用了多种不同的颜色来区分各页面，并且版面中的文字也使用了卡通的字体以及多种色彩，从而使版面表现出缤纷的活泼氛围。

图 1-33

1.6.4　明确设计宗旨和要点

　　设计宗旨也就是当前设计的版面所需要表达什么意思，传递怎样的信息，最终达到怎样的宣传目的。这一步骤在整个设计过程中十分重要。

　　在商业设计中，进行版式设计需要了解设计的要点，以达到广告宣传的目的。有明确的设计宗旨和主题，并通过文字与画面的结合，给读者留下深刻的印象，将画面的信息准确、快速地传递给受众群体，从而促进商品的销售。如图 1-34 所示为突出不同要点的版式设计。

该品牌的包装版式设计非常简洁，除了品牌标识之外没有任何多余的元素，着重体现了品牌形象以及产品的纯粹。

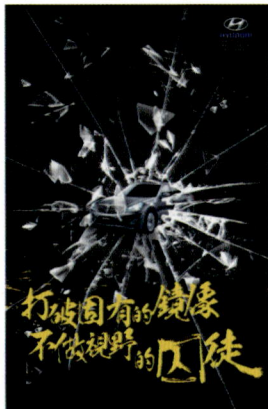

该汽车海报运用冲破屏幕的创意图形表现出汽车的动感，在版面下方使用大号毛笔字体突出主题的表现，具有非常强烈的时尚感和力量感。

食物能够给人带来满足感和愉悦感，这款餐厅画册在设计中充分运用这一概念，使用精致的高清晰食物照片作为版面的满版图片，搭配简洁的文字介绍内容，充分吸引人们的注意，勾起人们的食欲。

图 1-34

1.6.5　安排项目计划

在对项目进行设计之前，需要对设计背景进行调查研究，并收集资料、了解项目背景信息，熟悉项目的主要特征，根据收集的资料进行分析，确定项目的设计方案，然后根据方案来安排相应内容的设计。

1.6.6　推进设计流程

做出一个设计方案所需要经历的过程叫作设计流程，这是设计的关键。想到哪里做到哪里的方式很可能使设计出现很多漏洞和问题，我们应该按照合理的设计流程来进行操作。如图 1-35 所示为一个项目的版式设计基本流程。

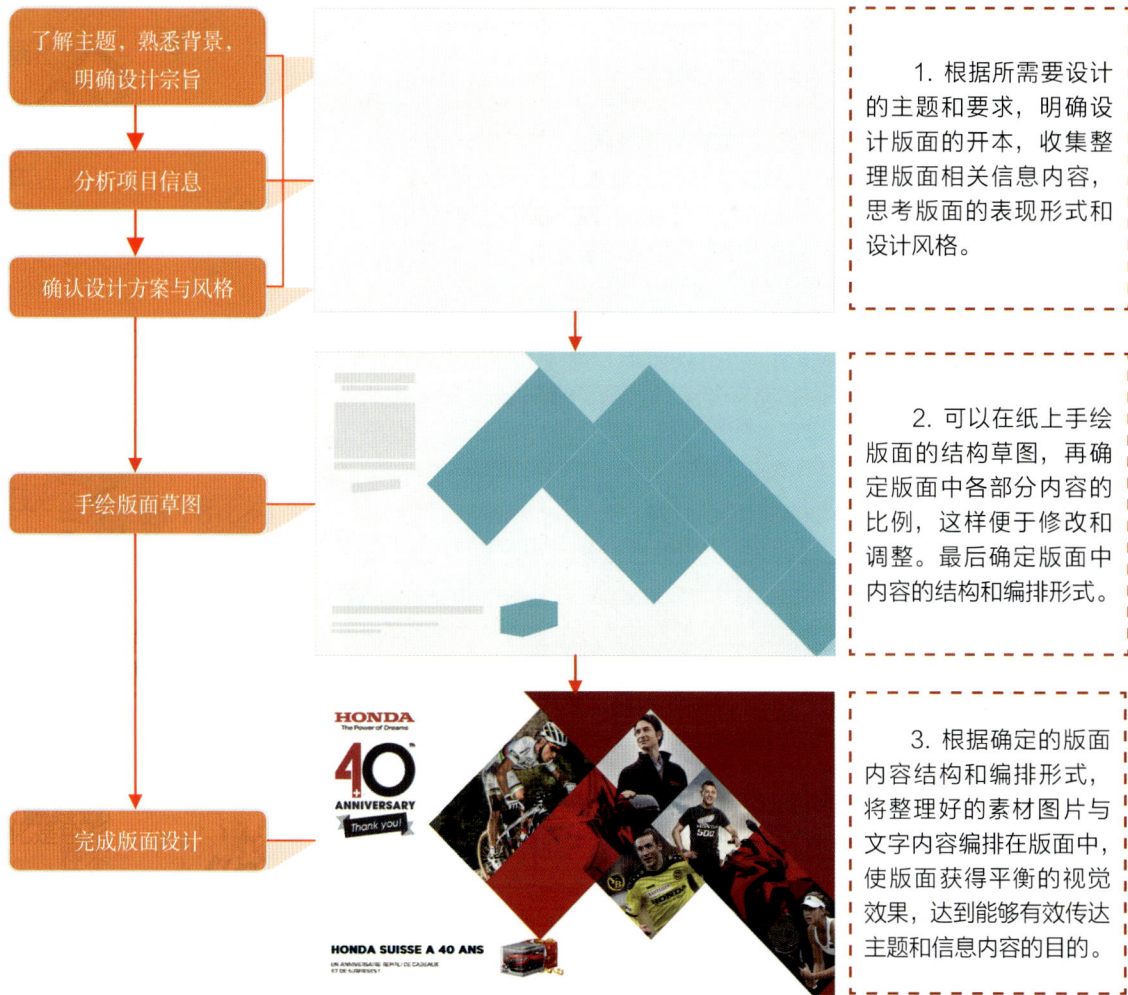

了解主题，熟悉背景，明确设计宗旨

分析项目信息

确认设计方案与风格

手绘版面草图

完成版面设计

1. 根据所需要设计的主题和要求，明确设计版面的开本，收集整理版面相关信息内容，思考版面的表现形式和设计风格。

2. 可以在纸上手绘版面的结构草图，再确定版面中各部分内容的比例，这样便于修改和调整。最后确定版面中内容的结构和编排形式。

3. 根据确定的版面内容结构和编排形式，将整理好的素材图片与文字内容编排在版面中，使版面获得平衡的视觉效果，达到能够有效传达主题和信息内容的目的。

图 1-35

第2章

版式设计要素

点、线、面是构成视觉空间的基本元素，也是版式设计的主要表现语言。无论画面的内容与形式多么复杂，但最终都可以简化到点、线、面上来。在版式设计中这些基本元素相互依存，相互作用，组合出各种各样的形态，构建成一个个千变万化的全新版面。

本章将向读者介绍版式设计的相关要素，使读者能够更好地理解并掌握版式设计的精髓。

LAYOUT DESIGN

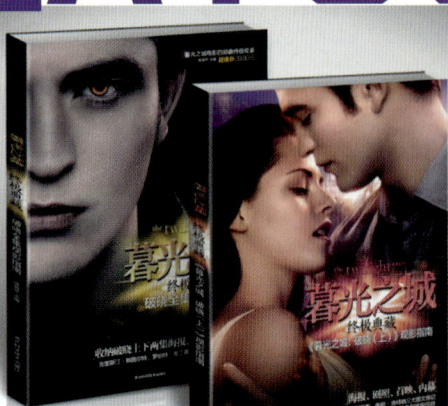

2.1　点在版式设计中的构成及变化规律

众所周知，点、线、面是平面设计中的基础，有的人不屑去研究基础知识，殊不知这些所谓的基础，就是将来设计的骨骼。通常来说，"点"是被用来表示位置的，不表示面积、形状。"点"虽由一定的面积构成，但面积大就不称之为"点"，这是相对于其背景条件及其他要素对比下而确定的。

2.1.1　认识版式设计中的点

人的视觉具有一定的组织能力，可以对所看到的对象进行简化，将某些部分抽象为"点"，以便于把握整体图像。

这里我们所说的"点"不是狭义的一个点，而是在版面中对比面和线更小的那个面积，如图 2-1 所示。在平面设计中，"点"的设计更像是一种心理的体会。如果把点看作"点"，那思维就会被限制，也设计不出好的作品。

相对于版面，白色的正方形为"点"　　　　相对于白色的正方形，黑色的圆形为"点"

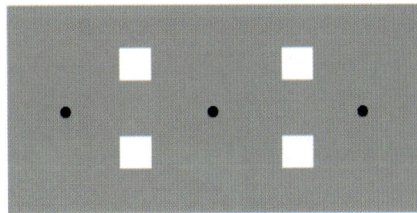

图 2-1

版式设计中的"点"可以是文字，可以是一个色块，也可以是一个面积，定义的前提都是对比出来的，如图 2-2 所示。通过图形的对比可以看出，这里我们所说的"点"不是狭义的一个点，而是在版面中对比面和线更小的那个面积。

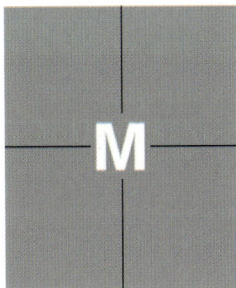

相对于版面，M 为"点"　　　　相对于版面左下角的 M，右上角的 M 为"点"

图 2-2

2.1.2　点在版面中的作用

通过对"点"的排列能够使版面产生不同的效果，给读者带来不同的心理感受。把握好"点"的排列形式、方向、大小、数量、分布，可以形成稳重、活泼、动感、轻松等不同的版面效果。

1．活跃版面

有的时候，客户提供给设计师的相关文字内容和图片都很少，但是我们为了让版面看起来活跃，应该怎么处理呢？这个时候就可以在版式设计中充分发挥"点"的灵动特点，将文字或色块等元素处理为"点"，使得版面活跃起来。如图2-3所示为使用"点"来活跃版面的效果。

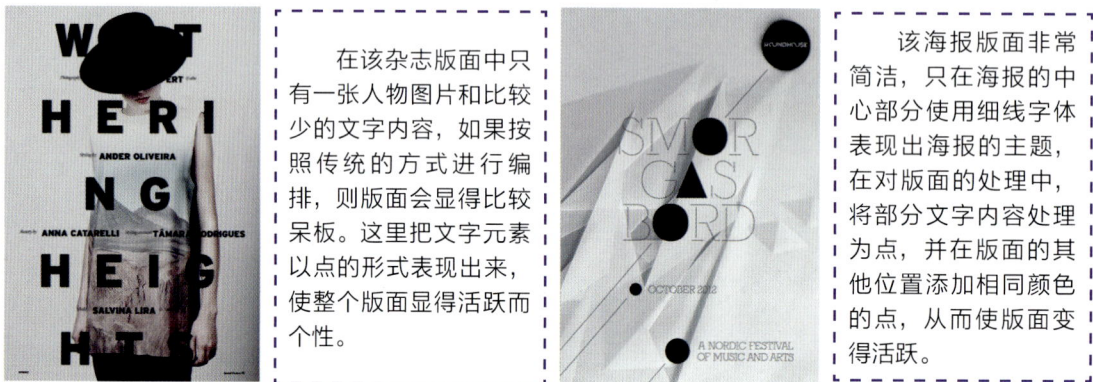

在该杂志版面中只有一张人物图片和比较少的文字内容，如果按照传统的方式进行编排，则版面会显得比较呆板。这里把文字元素以点的形式表现出来，使整个版面显得活跃而个性。

该海报版面非常简洁，只在海报的中心部分使用细线字体表现出海报的主题，在对版面的处理中，将部分文字内容处理为点，并在版面的其他位置添加相同颜色的点，从而使版面变得活跃。

图2-3

2．指示的作用

当版面中编排的信息量较大的时候，如何能够更好地区分各部分信息内容？如何能够更好地方便读者阅读版面中的信息内容？这些都可以通过版面中"点"元素的运用来实现。如图2-4所示为版面中的"点"元素起到明确的指示作用。

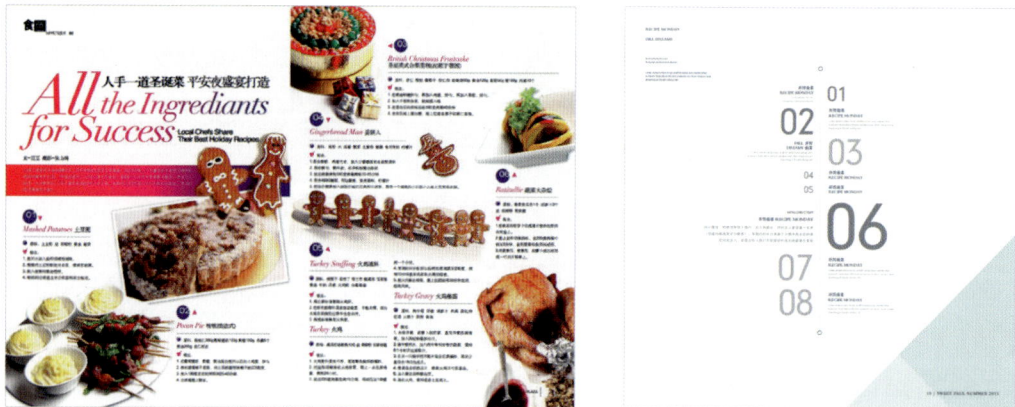

图2-4

在该美食杂志版面中，文字内容较多，为了便于读者阅读，为介绍不同内容的部分添加点元素的设计来进行区分，使版面中的信息更加清晰、易读。

在该画册目录版面中，使用序号来区分不同页面，这里的序号也可以认为是点，使版面中的目录结构一目了然。

图 2-4（续）

3. 烘托版面氛围

在版式设计中，为了能够更好地烘托整个版面的设计主题，可以将版面中的关键元素使用"点"的形式表现出来，这样可以使版面看起来更加丰满，并且能够有效地烘托整个版面的气氛。如图 2-5 所示为使用"点"来烘托版面氛围。

左侧为原活动海报的版式设计效果，在版面中点缀多种不同色彩的小点，使版面表现得非常活跃、热闹。右侧的版面中将不同色彩的小点去掉，只保留海报中的主体图形与文字内容，热闹的氛围就消失了。

左侧为原 DM 宣传页的版式设计，使用 Logo 名称在版面背景中进行满铺，并且设置不同的大小和明度，整个版面显得非常丰满、活跃，并且加深受众对该品牌 Logo 的印象。右侧的版面中将背景中的 Logo 名称去除，整个版面显得非常空旷，氛围也消失了，感觉非常别扭。

图 2-5

2.1.3　点在版式中的构成

在版式设计中，"点"的位置、移动、聚集、连续形成了"点"的不同形态并赋予不同的情感。其特性表现在它的大小、所在空间的位置、点之间的距离、点的聚集等方面。

1. 点的位置

"点"作为版面设计元素，在背景居中位置时，呈现出单纯、宁静、稳定的特点。当"点"偏离了中间位置，在底的边缘时就具有方向感并形成动态，如图 2-6 所示。

该杂志版面中，在中间位置放置文字，可以将文字看作点，使用白色的线框将文字主题框住，整个白框也可以看作一个点，点处于版面的中间位置时，使版面给人以单纯、稳定、宁静的感受。

该海报版面中，在版面的左下角和右上角分别放置黄色图形，形成对比，并且版面中使用明显的点、线、面构成，使版面的表现重点突出，具有一定的动势。

图 2-6

2. 点的距离

同一画面中，如果有两个相同大小的"点"（图形、色彩、文字），相距一定的距离时，这两点之间就会产生一种内在的张力，视线就会往复于两点之间，两点间好像有一种无形的线存在，如图 2-7 所示。当两个"点"的大小不同时，大点会向小点逐渐移动，最后集中到小点上，越小的点，集聚性越强，如图 2-8 所示。

该杂志版面中，两个点位于版面的中间位置，并且具有相同的大小和对称的位置，视觉效果上非常稳定。整个版面给人一种简洁、稳定、对称的感受。

图 2-7

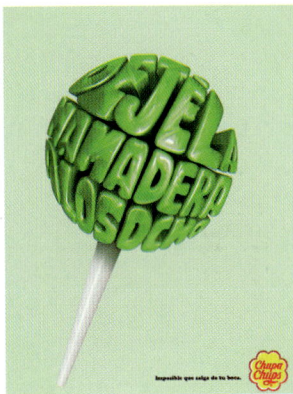

该产品广告版面中，主体图形位于版面的中间位置，占据大幅版面，而产品 Logo 图形位于版面的右下角，两个点的大小不同，主体图形给人的视觉冲击力最强，首先注意到主体图形，然后目光会移至右下角的点上。

图 2-8

3．点的聚集

在版式设计中，将这些"点"的元素在集聚时所排列的形式、连续的程度、大小的变化，均能够表现出不同的情感。同样大小的点等距离排列在版面中，具有安定均衡感，如图 2-9 所示；大小参差且不等距离排列在版面中具有跳动和不规则感，如图 2-10 所示；点的位置不同在版式设计中能够产生不同的方向感，如图 2-11 所示。

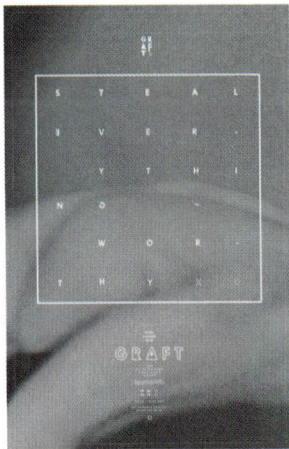

在该版面中间的每一个字母都可以看作一个点，这些点具有相同的大小，并且采用等距离的规则排列，使整个版面具有很强的稳定感和均衡感。

图 2-9

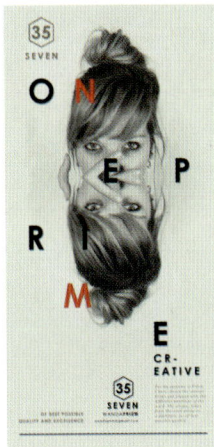

在该版面中每个字母都构成一个点，这些点拥有相同的大小，但具有不同的颜色和不规则的排列位置，通过这些点的排列，使版面表现出不规则感和跳跃感。

图 2-10

提示　在版式设计中有两种情形必须考虑。首先注意"点"与整个版面的关系，即"点"的大小、比例。"点"同其他视觉元素相比，比较容易形成画面视觉中心，甚至起到画龙点睛的作用。考虑"点"的大小、比例与版面的关系，是为了获得视觉上的平衡与愉悦；其次组织、经营"点"与版面中其他视觉元素的关系，构成版式的和谐美感。

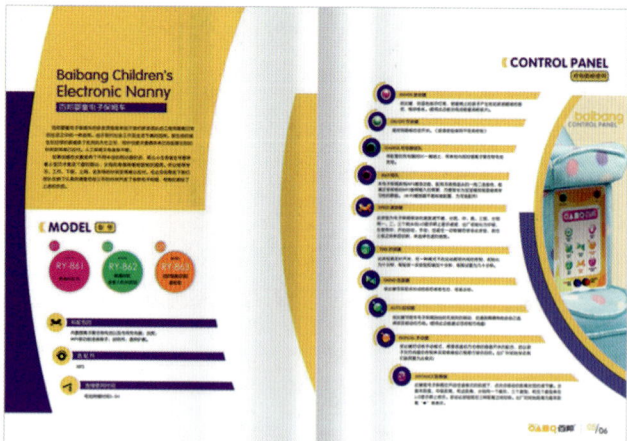

在该产品宣传跨页版面中，圆形的图形构成版面中的点，将版面中的点元素沿圆弧状进行排列，与版面的造型风格相吻合，并且通过连续点的排列，能够有效地引导读者阅读版面中的内容。

图 2-11

2.2 线在版式设计中的构成及变化规律

"线"只具有位置、长度、方向，它是"点"移动的轨迹。从造型含义上说，它是具体对象的抽象形式，所以"线"的位置、长度是可感知的。"线"是对"点"静止状态的破坏，因此由"线"构成的视觉元素更显得丰富，形式更为多样。

2.2.1 认识版式设计中的线

"线"是由无数个"点"构成的，是"点"的发展和延伸，其表现形式非常多样。同样作为版面空间的构成元素，"点"只能作为一个独立体，而"线"则能够将这些独立体统一起来，将"点"的效果进行延伸，如图 2-12 所示。

图 2-12

在版式设计中，"线"的表现形式主要有水平线、垂直线、斜线、折线、细线、粗线、几何曲线和自由曲线等几种形式，如图 2-13 所示。

在版式设计中，文字构成的"线"可以理解为"点"（单个文字）的流动所构成的，如图 2-14 所示。好的文字编排造成形式与意义的融合，占据画面的主要位置，产生大气磅礴的艺术美感。

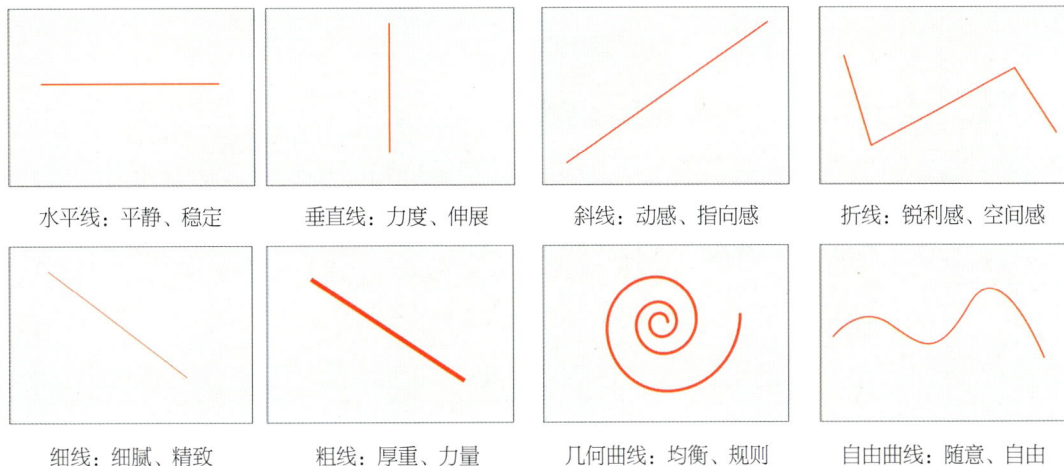

水平线：平静、稳定	垂直线：力度、伸展	斜线：动感、指向感	折线：锐利感、空间感
细线：细腻、精致	粗线：厚重、力量	几何曲线：均衡、规则	自由曲线：随意、自由

图 2-13

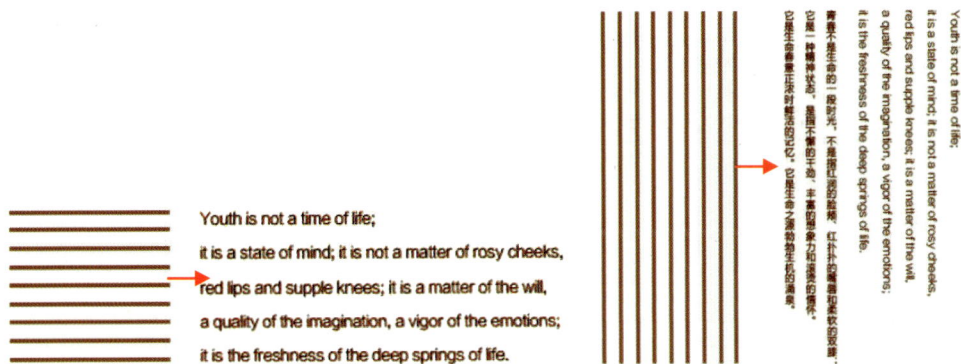

图 2-14

2.2.2 线在版面中的作用

作为视觉元素，"线"在版式设计中的影响力大于"点"，它要求在视觉上占有更大的空间。在版式设计中，"线"也可以构成各种装饰要素，起到形成轮廓、分割版面等作用。

1. 对版面信息进行分类

通常在对书籍、杂志、报纸等版面进行排版设计时，文字内容较多，为了使版面更易于读者的阅读以及对各部分内容进行区分，常常使用线条在版面中对文本内容进行划分，使版面内容显得更加富有条理，如图 2-15 所示。

在该杂志版面中，每一部分内容都有相应的图片、标题和文字说明内容，如何使读者能够轻松地区分各部分内容呢？通过在版面中添加相应的横线和竖线对版面区域进行划分，使得各部分信息内容更加明确，整个版面也显得更加均衡、有条理。

图 2-15

2. 曲线可以体现出版面的柔美

如果需要使版面体现出更多的情感或者气质，则可以考虑在版面中添加合适的曲线对版面的氛围进行调节。曲线的造型比较适用于体现浪漫、唯美、女性、文化等气质的版式风格中，如图 2-16 所示。

在该海报版面中，主题文字采用细线字体，并且通过添加一些曲线的线条装饰，使主题文字的表现更加符合海报的主题，浪漫而且唯美。

在该海报版面中，对英文主题文字进行变形处理，处理为曲线状，并且在版面的其他位置也添加了曲线线条，使版面表现出优雅的气质。

在该产品广告版面设计中，将流动的水处理为曲线形状，自上而下环绕产品，使广告版面表现出柔美而富有生命的气息。

图 2-16

3．线的串联作用

当版面中的元素比较多时，如果添加分类信息的竖线觉得画面比较死板，那么可以使用一些倾斜的线条，这些倾斜的线条可以使方向感统一的同时，也会使画面变得更有秩序。另一方面，元素和画面之间的关系，也可以使用斜线进行串联，如图 2-17 所示。

在该画册封面中，通过添加倾斜的直线来拓展版面的空间，使版面表现出很强的空间层次感。在画册页面中使用相同方向的斜线，贯穿左右版面，增加版面中页面与页面以及信息与信息之间的联系。

图 2-17

4．线的强调作用

在版面设计过程中，还可以通过为重要信息或内容添加线框的方式来进行突出强调，线条越粗，强调效果越明显，如图 2-18 所示。

在该杂志版面中使用线框来强调主体，显得很时尚，画面的功能性也增强了，比直接放一个墨镜会好很多，而且在强调产品的同时，也传播了品牌的气质。

在该杂志版面中多处使用线条，在版面底部使用倾斜的细线条来分割版面空间，增强版面的层次感。为版面中的主题文字添加与背景呈对比色调的粗细框，重点突出版面主题，同时也丰富了版面的视觉效果。

图 2-18

5．文字也是线

之前说到点的运行轨迹形成了线，如果一个字是一个点的话，一行字就是一条线，几行字就是几条线，文字段就是一组线，这也说明，线在平面设计构成中所占的比重是很大的。文字所形成的线在版面中所起到的视觉效果如图 2-19 所示。

在该画册跨页版面设计中，在版面的上、下和左侧都留有少量的留白，中间放置主体图片，图片右上角的位置放置竖排文字，延伸了画面的垂直感，使得版面更加幽静、纯朴。

图 2-19

2.2.3　线在版式中的构成

对于版式设计来说，文字、图形或色彩通过线性化的排列也会产生独具的特点，水平的线性化排列带有稳定、永久、和平的意味，如图 2-20 所示；垂直的线性化排列带有崇高、权威、纪念、庄重的意味，如图 2-21 所示。

在该时尚杂志跨页版面中，使用大幅精美的摄影照片作为跨页版面的满版背景，在版面中间位置通过水平文字构成简洁的版式，文字水平线性化的排列使版面显得稳定。

在该画册跨页版面中，右侧版面放置满版的精美建筑效果图片，在左侧版面的中间位置，以竖排文字的方式构成垂直线条，并将第一个文字放大，形成点、线、面的对比，版面显得庄重、大方。

图 2-20

图 2-21

版式设计中文字或图形斜线排列是介于垂直线排列与水平线排列之间的形态，具有不安定、动态感和活泼感，这种排列表现出较强的方向性，如图 2-22 所示。

在该活动宣传海报版面中，中间位置对主题文字进行倾斜处理，并且将文字的相应笔触延伸至贯穿整个版面，有效地延伸了版面空间，使整个版面表现出活泼和动感。

在该活动海报版面中，使用圆弧状图形来分割版面空间，使版面表现出欢快感，并且版面中的所有文字内容都向同一个方向进行倾斜，使得整个版面表现出强烈的动感。

图 2-22

而曲线化排列似乎受到外界压力而发生形变，产生了情感知觉中的倾向性，表现出丰满、柔软、欢快、轻盈、调和感，其形态富于变化，追求与自然的融合，或富有节奏感、比例性、精确性、规整性等特点，并富有现代感的审美意味，如图 2-23 所示。

在该杂志封面的版式设计中，将版面中的文字沿着人物轮廓区曲线进行排列，使版面表现出一种不规则的轻盈感，并且这样的排版方式给人一种很特别的个性感。

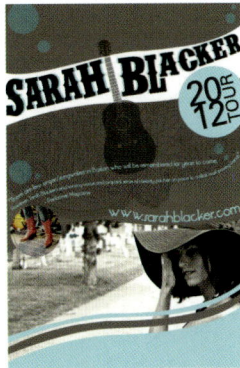

在该活动海报版式设计中，多处使用圆弧状的图形与圆形图形，使版面表现出一种柔和、轻快感，为了与版面的整体风格相统一，版面中的文字同样沿圆弧曲线进行排列，使整个版面富有节奏感。

图 2-23

2.3　面在版式设计中的构成及变化规律

　　"面"在平面设计中相当于一部电影里的主角，是一幅作品里面最重要的组成部分。在整个版面中，"面"所占的面积是最大的，所以"面"的表现方式直接决定了版面的风格和气质。

2.3.1　认识版式设计中的面

在点、线、面这3种构成要素中，"点"和"线"都是辅助元素，它们既有功能性又有装饰性，虽然它们不是画面中的主角，但却是不可或缺的重要元素，而版面中真正的主角就是"面"，设计师对版面中面积的刻画和表现，决定了所设计的版面是什么风格和气质。

1. 一个面

"面"作为设计中一种重要的符号语言，被广泛地运用于设计当中。如果在一个版面中只有一个"面"，那么它是整个版面中当之无愧的主角，也是整个版面中需要重点突出表现的内容，如图2-24所示。

在该杂志跨页版面中，底部的满版图片为该版面中的唯一的"面"，也是该版面的主角。版面中的其他元素与"面"在版面中形成点、线、面的相互对比。

图2-24

2. 两个面

例如一部电影中有两个主角，但是也会分戏份的轻重。版式设计也是相同的道理，在版面中某一个元素很重要，那在设计时就让它在版面中所占的面积大一些，另一个元素相对不是那么重要，就让它在版面中所占的面积小一些，如图2-25所示。

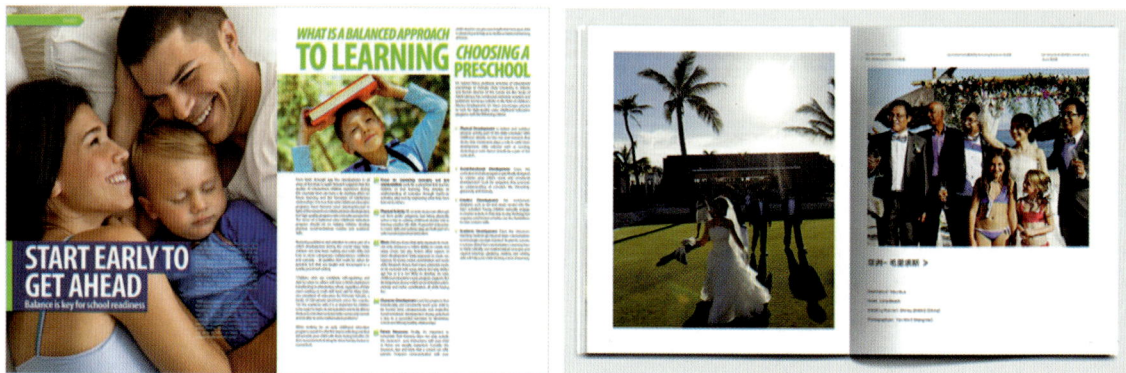

图2-25

3. 多个面

在一个版面中还可以同时存在多个"面"，但是同样也要分清主次，重要的元素就让它在版面中所占的面积大一些，次要的就在版面中占的面积小一些。多个"面"构成的版面能够给人一种丰富和有层次感的视觉效果，如图 2-26 所示。

图 2-26

提示

"面"是"点"的密集或线的移动轨迹。在版式设计中，"面"的概念是视觉效果中点的扩大与平面集合，线的宽度增加与平移、翻转，均可产生面的感受。直线的变化可以产生正方形、长方形、圆形以及其他形状。

2.3.2　面的表现形态

不同形状的"面"会给人带来不同的心理感受，在设计表现时需要注意"面"的形状对人的心理和版式设计整体格调所起的主导作用。根据"面"的形状和边缘的不同，"面"的形态会产生很多变化，主要可以分为方形、圆形、几何形和不规则形。

1. 方形

方形的"面"，只要图片很有创意性，或者图片很美，就会让整个版面看起来有气质。所以在我们的设计实战中，如果客户提供的照片很美或者很有视觉冲击力，我们不妨采用简单的设计，只使用点、线、面的设计准则来烘托图片的美即可，如图 2-27 所示。

在版式设计过程中，方形元素或方形排列可以使版面呈现出安定的秩序感，有简洁、男性的风格。

该画册内页版面用于介绍城市的生态环境，选择该城市具有代表性的自然风光摄影作为版面中的满版跨页图片，虽然是简洁方式的图片，但是其本身非常精美，并且能够表现出该版面的主题内容，非常能够烘托版面的意境。

图 2-27

2. 圆形

圆形或其他平滑的曲线形的"面"，可以呈现出柔软、女性的特质。几何曲线形具有秩序感，显得比较规整；而自由曲线不具有几何秩序性，富于魅力和人情味，如图 2-28 所示。

在该广告版面中，主体图形是一个圆形的盘子，这就是该版面中的"面"，表现出美好的愿景。

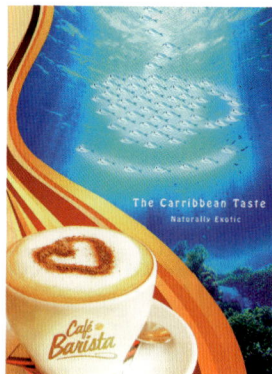

在该海报版面中明确区分为左右两个平滑曲线形的面，表现出优美、流畅的感觉。版面中的两个曲线形的面采用对比色调，使版面表现出很强的视觉冲击。

图 2-28

3. 几何形

方形的"面"在版面中毕竟会显得比较普通甚至是呆板，除非方形图片的表现效果非常突出，能够对版面起到有效的烘托作用，否则版面就会显得没有活力。在版面中加入几何形元素就能够很好地解决这个问题，使版面显得灵动、有活力，如图 2-29 所示。

4. 不规则形

此处所说的不规则形是指在版面中对图片素材进行去底处理，也就是我们常说的"抠图"，把图片中的重点元素抠出来放置在版面中，目的是为了展示元素的造型与独特气质，同时也可以使版面显得更加灵活，如图 2-30 所示。

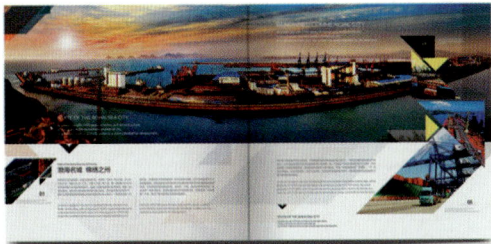

在该画册跨页版面中，使用了多个"面"的表现方式，在版面上方使用方形满版跨页大图为主体，但是为了避免版面看起来呆板，其他的辅助面积都使用几何形作为点缀，整体来看，版面灵活而不失大气。

该杂志版面使用几何形作为版面的主要构成方式，可以将多个面整体看作一个几何形状的"面"，也可以看作多个独立的"面"，版面的表现方式灵活、别致。

该广告版面的设计非常简洁，使用模特人物与文字简介为主，在版面中通过添加细线条与三角形色块，使版面构成点、线、面的对比，并且三角形色块与人物衣服色彩相呼应，使版面显得时尚、个性、活跃。

图 2-29

该画册跨页版面中将中国传统建筑图片进行去底处理，将抠出的建筑分别放置在版面的左下角和右上角位置，形成大小对比，并能够使左页与右页相呼应，同样版面的表现也更加富有活力。

该杂志版面的排版非常富有个性，将内容全部安排在版面的右侧，左侧为大面积的留白，并且对版面中的图片进行去底处理，只保留花朵插画，使版面表现出空间感，给人带来想象的空间。

该海报版面中将去底处理的人物头像放置在版面中心，结合色块与线框图形，使版面表现出独特的个性和空间感。

图 2-30

2.4 版式设计中的其他构成要素

版式设计中的基础元素除了前面介绍的点、线和面之外，还有肌理和色彩两种重要的元素。色彩是版式给受众的第一感受，而肌理则能够使版面的表现效果更具有质感。

2.4.1 肌理元素

肌理也是一种版式基本构成要素，肌理有各种粗细、质感与色彩的变化。在版式设计中，肌理的表现是非常丰富的，不同的图片、文字与纸张都可以构成视觉品质完全不一样的肌理效果，印刷工艺的发展与革新也可以带来新的肌理，例如各种亚光、打孔、凹凸等效果，可以极大地丰富画面的视觉效果，如图 2-31 所示。

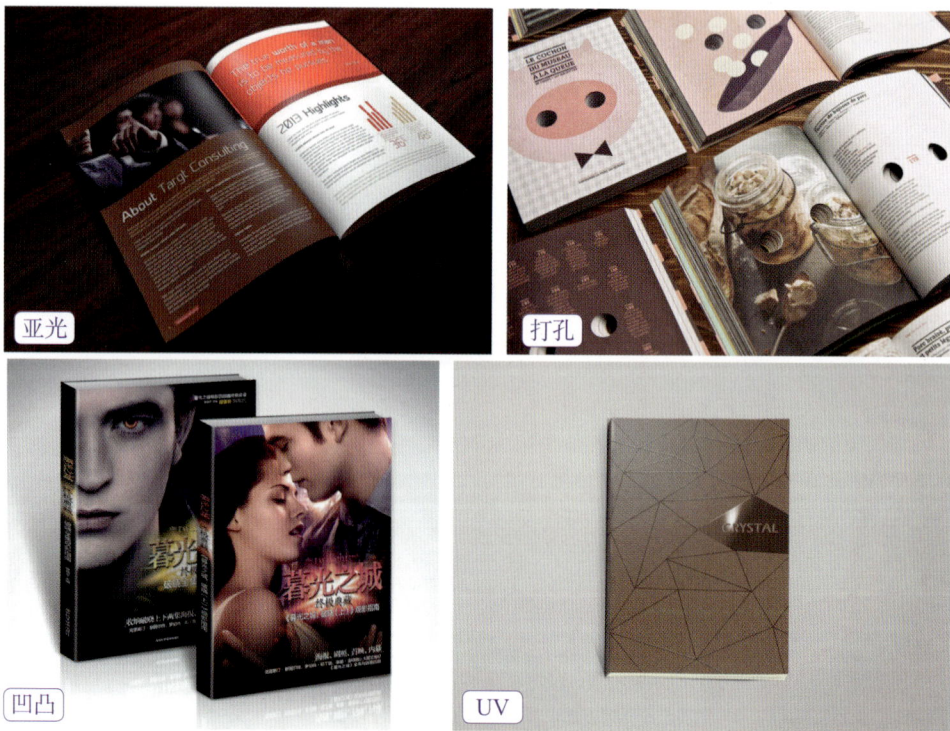

图 2-31

同时，任何画面上的视觉形象组合，不管它们是图形、文字或底色，是具象的还是抽象的，其自身也构成一种复合的肌理，应该注意从画面整体出发，研究和调节肌理与内容之间的对比关系。

如图 2-32 所示为版面中背景肌理的应用。

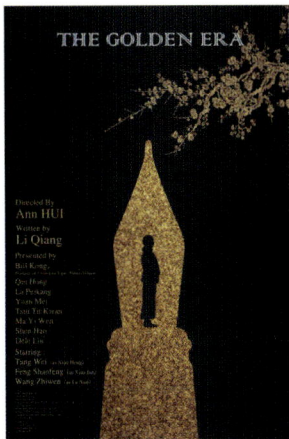

该海报版面使用深灰色作为背景主色调，在背景中搭配浅灰色的竖线条纹，使海报的背景纹理清晰、有条理，并且版面中的主体图形也使用了肌理效果，表现出黄金质感。

该咖啡品牌宣传册使用麻布颗粒状的肌理背景，体现出印刷品的质感，并且能够更好地体现质朴、香醇的韵味。

图 2-32

在版式设计中，字体作为肌理的一种表现往往被人们忽视。实际上，文字作为肌理在编排设计中具有非常重要的意义，它可以帮助设计者在选择字体及其大小、轻重方面提供视觉上的参考依据。如图 2-33 所示为文字肌理的应用。

提示 肌理的对比是版式设计中最为重要的视觉要素和手段，肌理的美感在对比中表现得最为充分，各种视觉要素构成的复合肌理具有强大的视觉表现效果。

在该活动海报的版面设计中，将主题文字处理为藤蔓与花朵图形相结合的形式，既是主题文字，也表现出图形的视觉效果，从而丰富版面的视觉表现。

在该电影海报的版面设计中，使用红色加粗的大号字体来突出电影的名称，并且为文字添加了彩色的肌理效果，使得海报名称的表现更加具有质感。

图 2-33

2.4.2 色彩元素

在版式设计中，色彩的表现力是较为重要的学习课题。内容决定形式，色彩这种形式语言可以直接地将设计所要表达的内容传达给受众。在色彩的各个要素中，色相是最具有视觉表现力的。在版式设计中，色相的性质和设计所要表现的内容之间有着直接的联系，如图 2-34 所示。

在该海报版面中，大面积的蓝色主体图形在浅黄色的背景中非常突出，体现出一种理性、悠远的视觉印象。并且海报中将人物与蓝色的水墨相结合，非常具有创意，给人很强的视觉冲击力。

在该活动海报中，使用棕色作为海报的整体色调，表现出温馨、舒适的氛围，海报中使用棕色的明暗变化，使海报的视觉效果统一，搭配手写体的主题文字，表现效果强烈。

图 2-34

色彩可以给人以直接或间接的心理联想。这种联想的形成机制和过程是相当复杂的，例如对食品与色彩的研究发现，色彩在这方面有着许多令人惊讶的联系，翠绿、天蓝一般和水有关系，而红色、棕色、黄色和白色总是和面包之类的食物相关，这种由色彩引发的心理联想，大多数与人对客观对象的感受有联系。如图 2-35 所示为色彩联想在版式设计中的表现。

在该面包广告设计中，在版面的中间位置创建图形，使用红橙色作为主色调，并且左上角与右下角的色彩相呼应，表现出热情、欢乐、美味的视觉印象。

在该化妆品广告设计中，使用蓝天、白云、草地这样的大自然场景作为版面的背景，与产品的主色调相呼应，一幅清新、自然的景象，表现出产品的健康、自然与绿色品质。

图 2-35

色彩的表现常常是通过各种色彩组合在一起的方式进行。色彩的组合就构成了色调。更进一步讲，色调有另一层意义，就是指一个画面运用的各种色彩组合中所具有的某一色彩的倾向性，设计总是综合地运用色彩的。大量的版式设计的作品都是以色调组合的方式进行的，在版式设计中，色彩的表现力总是建立在色彩的面积及明度、色相的倾向与纯度的综合关系上。这些色彩要素之间每一种关系的变化，都可能使得版面给人不一样的视觉感受。如图 2-36 所示为使用色彩组合来表现版面。

在该产品画册版面设计中，运用矩形色块来区分版面中不同的内容区域，使得版面的划分非常清晰。版面中的图片都使用了色调比较统一的浅蓝色，而文字内空色块则采用了纯度较低的浅紫色，整个版面的色调比较统一，整体给人一种宁静、和谐之美。

在该杂志跨页版面设计中，主要使用统一的菱形来构成版面效果，不同大小、位置和颜色的菱形，使版面的表现效果非常丰富、多样，版面使用白色作为背景色，搭配红色和蓝色的菱形背景和图片，色彩的表现也比较丰富，整体给人一种轻松、活跃、富有个性的视觉感受。

图 2-36

第3章

版式设计中的文字编排

　　文字是语言的视觉形式，它突破时空局限，成为人类传递信息使用最普遍的工具。文字在所有的视觉媒体中都是非常重要的表现因素之一，文字的编排发挥着极其关键的作用，它是传达版面信息的重要构成元素。不同的字体、字号和编排方式等都会直接影响版面的易读性和最终表现效果。

　　本章将向读者介绍有关文字的知识，以及在版式设计中文字的编排方式和技巧等内容，使读者对版式设计中文字的编排有更全面的理解。

LAYOUT DESIGN

3.1　认识版式设计中的文字

在版式设计中，文字在版面中大可为面，小可为点，可以作为独立单位，也可以连而为线，集结成形。不同的字体形态多变，风格各异，文字的可塑性极大丰富了版面设计的个性表现力和情感语言，在传递信息的同时，文字已经成为富有启迪、创造、审美、时尚的艺术性因素。

3.1.1　字体

字体是指文字的风格样式，不同的字体能够表达出不同的视觉特征。自文字出现以来，人类一直在不断地创新发展它，字体之丰富，令人眼花缭乱。

字体的形式多种多样，从使用的类型上可以分为印刷字体和设计字体两大类，不同形式不同内容的版式设计，需要运用不同的字体。在现代设计中应用较为广泛的中文字体是宋体、仿宋体、黑体和楷体，如图 3-1 所示。它们清晰易读，美观大方，为大众所喜爱。版面中的标题或一些特定位置，欲求效果醒目，常使用综艺体、琥珀体、圆体、手绘美术字等。如图 3-2 所示为不同字体在版式设计中的表现。

版式设计　（宋体）
版式设计　（黑体）
版式设计　（幼圆）
版式设计　（仿宋）
版式设计　（楷体）
版式设计　（隶书）

图 3-1

在该人物专题版面设计中，使用纤细的大号字体来表现人物名称，体现出女性人物的柔美，而标题文字则采用了常规的黑体，并且与人物名称使用了不同的颜色，从而表现出色彩层次。

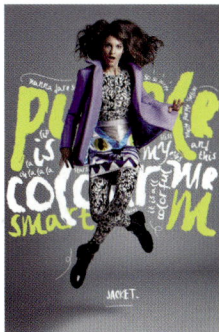

在该时尚海报版面设计中，使用个性的手写字体，给人一种自由、随意，以及更加亲切、贴近生活的感受。与夸张的模特人物素材相结合，更加能够突显出该服装品牌的个性与特点。

图 3-2

在选择版式设计中的字体时，必须充分考虑到字体风格应该与版式的整体风格、主题内容相一致。不同的字体会唤起不同的联想、感受，例如宋体端正、庄重；黑体粗犷、厚实、男性化；楷体自然、流动、活泼；隶书古雅、飘逸；幼圆圆润、时尚。针对字体的这种不同风格，根据不同的出版物、稿件、版面要求来选择合适的字体，对版面设计有十分重要的意义。如图 3-3 所示为不同的版式设计风格选择不同的字体。

在该楼盘宣传海报的版式设计中，使用卡通手写字体来表现版面主题文字，与版面中的卡通形象相呼应，从而使版面的设计风格统一，表现出一种可爱的卡通感觉。

在该家具宣传海报的版式设计中，使用传统书法字体来表现版面主题文字，并且采用竖排方式，与版面中其他体现传统文化的素材相结合，使版面表现出强烈的传统文化风格。

图 3-3

技巧 在一个版面中，字体的种类越多，整体性就越差，而选用 3～4 种以内的字体，是版面的最佳视觉效果，超过 4 种以上，则显杂乱，缺乏整体感。要达到版面视觉上的丰富与变化，还可以将有限的字体变粗、变细、拉长、压扁，或调整行距的宽窄和变化字号的大小来达到理想的视觉效果。

3.1.2　字号

字号是表示字体大小的术语，是区分文字大小的一种衡量标准。国际上通用的是点数制，在国内则是以号数制为主，点数制为辅。我们常用的计算字号大小的方式有号数制、级数制和点数制（也称为磅）等形式。如图 3-4 所示为点数制和号数制的文字效果。

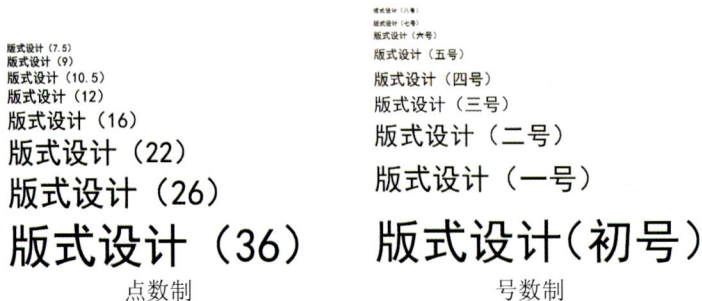

图 3-4

点数制是世界上流行的计算字体的标准方式。计算机中的文字就是使用点数制的计算方式，每一点等于 0.35mm，误差不得超过 0.005mm。版式设计中标题用字一般大约 14 点以上，正文用字一般为 9～12 点，文字较多的版面中，点数可以减到 7～8 点。如图 3-5 所示为版式设计中不同字号大小的表现效果。

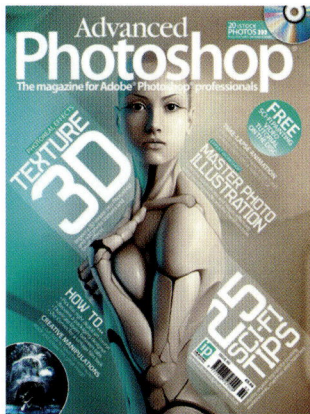

在该杂志封面设计中，在版面顶部使用大号加粗字体输入杂志的标题，封面中的其他文字内容则分别使用了较小的字体，字体与字号有所区别，这样可以使重点内容突出，并且排版具有韵律感。

在该杂志版面设计中，运用了多种不同的字体和字号，特别是标题部分，通过不同的字体大小和字体颜色相组合，使标题在版面中特别醒目，而正文内容则采用了常规的字体和字号，便于读者阅读。

图 3-5

号数制是采用互不成倍数的几种活字为标准的，根据加倍或减半的换算关系而自成系统，可以分为四号字系统、五号字系统、六号字系统等。字号的标称数越小，字形越大，例如四号字比五号字要大，五号字又要比六号字大等。

字号的大小除了点数制和号数制外，传统照排文字的大小以 mm 为计算单位，称为"级"(J 或 K)，每一级等于 0.25mm，1mm 等于 4 级。照排文字能排出的大小一般由 7 级到 62 级，也有从 7 级到 100 级的。

在计算机照排系统中，有点数制也有号数制存在。在印刷排版时，如果遇到以号数为标注的字符时，必须将号数的数值换算成级数，才能够掌握字符的正确大小。号数与级数的换算关系如下。

1J = 1K = 0.25mm = 0.714 点 (p)，1 点 (p)= 0.35mm = 1.4 级 (J 或 K)。

在表 3-1 中介绍了常用的字号大小及主要用途。

表 3-1　常用字号大小及主要用途

号　　数	点　　数	级　　数	毫　米 (mm)	主要用途
初号	42	59	14.82mm	标题
小初	36	50	12.70mm	标题
一号	26	38	9.17mm	标题
小一	24	34	8.47mm	标题

（续表）

号　数	点　数	级　数	毫　米(mm)	主要用途
二号	22	28	7.76mm	标题
小二	18	24	6.35mm	标题
三号	16	22	5.64mm	标题、正文内容
小三	15	21	5.29mm	标题、正文内容
四号	14	20	4.94mm	标题、正文内容
小四	12	18	4.23mm	标题、正文内容
五号	10.5	15	3.70mm	书刊报纸正文

3.1.3　字距与行距

　　字符与字符之间的距离为字距，上下两行文字之间的空白距离称为行距。字距、行距的适度与否很大程度上影响到阅读的流畅性。

　　在版式设计中，合适的字距与行距、字距行距的加宽或紧缩，都能体现文字主题的内涵，产生完成不同的视觉风格。例如拉近字距，使字距缩小产生紧密、整合的视觉效果，可以加快阅读速度。相反，文字排列松散则会减缓阅读速度。因此，根据设计的需要，版式中的字距行距可以进行适当的调整，如图 3-6 所示。

在该活动宣传海报版面设计中，在版面的中间位置通过文字的相互叠加来展示海报的主题，对文字的字距进行设置，使主题文字的两端对齐，并且为文字设置相应的行间距，使得中间主题文字的表现端正、舒展。

在该杂志版面设计中，在版面右侧放置人物素材，左侧为介绍文字内容，标题文字使用大号字体，并且对字间距进行设置，使标题的表现更加形象和突出，正文内容则使用小号常规字体，注意设置恰当的行距，使文字内容易阅读。

图 3-6

　　把握文字的字距、行距，不仅是形式美感的需要，更是阅读功能的需要。例如标题设计时，通常将行距加大，使人在捕获这些分散的字符时，目光随画面移动、串联，达到引人注目的视觉效果；但正文字体的字距通常不做这样的调整，如果字距拉大，单个的字符就会有"点"的视觉特点，而一行文字就像是由散开的点连成的虚线，其跳行阅读现象容易使人视觉疲劳。如图 3-7 所示为版式设计中清晰的字距和行距设置效果。

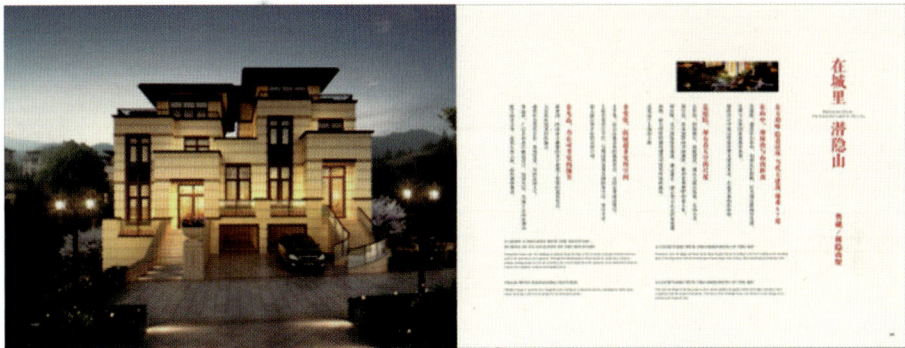

　　　　在该地产画册版面设计中，为了配合版面的设计风格，采用竖排文字的方式，标题文字使用较大的字体，而正文内容则使用小字体，并且设置了较大的行距，使文字的排列效果更加精致、美观。

图 3-7

　　行距的宽窄是版式设计中应该把握好的环节，从形式感上来讲，紧密的行距使段落在版面中呈现面的特点，而分散的行距则使段落的整体感在视觉上弱化。行距过窄，上下行文字互相干扰，目光难以沿文字逐行扫视，会降低阅读速度；而行距过宽，太多的空白使每行文字不能有较好的延续性。这两种极端的排列方法，都会使阅读长篇文字者感到疲劳，如图 3-8 所示。

　　　　此处所设置的正文内容的行距过窄，使段落文字的行与行之间太过紧密，仿佛一堆文字挤在一起，容易造成阅读困难。

图 3-8

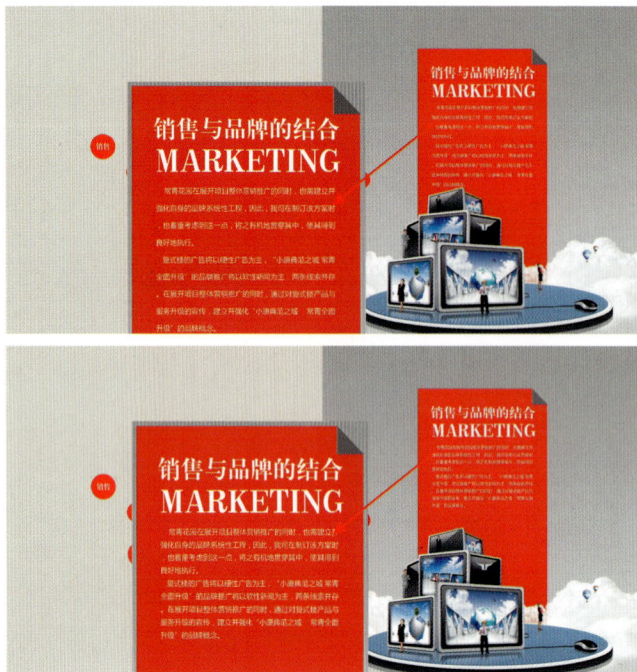

此处所设置的正文内容的行距过宽，使段落文字的行与行之间间距太大，文字之间太过分散，每行文字没有较好的延续性，并且会占用较多版面空间。

此处所设置的正文内容的行距适当，适当的行距设置，可以使每行文字的结构清晰，行与行之间具有延续性，最重要的是便于读者的阅读。

图 3-8（续）

在通常情况下，行距是大于字距的，常规比例是字距 10 点，行距则为 12 点，也就是 10∶12，行距是正文字号的 1/2 或 3/4。但除常规比例外，还可以根据主题内容和整体版式的风格需求而定。对于休闲娱乐性的画册，行距还可以更宽一些，从而达到轻松的版式效果。此外，为增强版面空间层次和弹性，可以采用宽行和窄行同时并存的手法。因此行距的控制比字体大小更能造就清晰顺畅的阅读条件，如图 3-9 所示。

该新闻资讯类的杂志版面，文字内容较多，在左侧页面中放置满版的大幅图片，右侧页面则将正文内容分为三栏进行排列，并且使用背景色块从左侧页面延伸到右侧页面，在背景色块上放置标题文字内容，打破分栏的死板，也加强左页与右页之间的联系。在分栏排列的正文内容中，为文字设置相应的行间距，并且设置了段落之间的间距，使得正文内容的段落划分非常明显，版面的整体效果清晰、整洁，非常便于读者阅读。

图 3-9

3.1.4　字体的搭配组合

在版式设计中，一组设计包含有不同层次的信息内容，设计时可以根据内容选择不同的字体加以区分，避免视觉上的混乱。不同字体的搭配组合，有一定的规律可循。一方面应该注意字体的选择控制在 2 ～ 3 种，并通过对字体的大小、色彩、装饰手法的变化达到目的。其中标题可以选择较为醒目的字体，以吸引阅读者的视觉。而正文的段落性文字，适合选择简洁、笔画较细的字体，以方便阅读。另一方面，要注意不同字体搭配时既有变化又有统一。如图 3-10 所示为版式设计中不同字体的搭配组合表现效果。

在该海报版面设计中，将主题文字放置在版面的中间位置，并且使用粗大的竖排文字，与版面中其他精致的横排小字形成大小与位置的强烈对比，有效突出主题，整个版面的表现效果简洁明了。

在该杂志版面设计中，运用了多种不同的字体、字体大小，并且将竖排文字与横排文字相结合，特别是在个别大的文字中嵌入多个小的文字，文字的巧妙编排组合，使得主题的表现富有个性和变化，具有独特的神韵。

图 3-10

3.2　版式设计中常用的文字编排形式

字体之间的搭配是有规律的，编排字体的主要目的在于传递信息的同时保证画面的协调性。在对版面中的文字内容进行编排时，可以采用多种不同的编排方式，以起到不同的视觉表现效果。

3.2.1　左右对齐式

在版式设计中，文字从左端到右端的长度均齐，这样的文字排版方式可以使文字整体看起来显得端正、严谨、美观。左右对齐的文字排版方式是目前书籍、报刊常用的一种文字排版方法，使版面中文字内容的表现效果清晰、有序。如图 3-11 所示为使用文字左右对齐排版方式的版式设计。

在该海报版面设计中，将版面上方的主题文字与下方的信息介绍文字进行两端对齐处理，使海报版面的表现效果更加稳定。

在该杂志版面设计中，使用图片作为满版背景，将相关的文字内容放置在版面的下方，并且使用不同的字体、字号来表现不同的内容，通过对文字间距的调整，使所有文字两端对齐，使主题的表现醒目、有力。

图 3-11

3.2.2　左齐或右齐式

　　每一行的第一个文字都统一排列在左侧或右侧的轴线上，文字行的右侧或左侧可长可短，给人以优美、自然、愉悦的节奏感。

　　文字左齐的排列方式符合人们的阅读习惯，使人感觉亲切。文字左边的整齐一致与右侧的长短随意留放，使这种版面格式规范而不呆板。如图 3-12 所示为使用文字左对齐排版方式的版式设计。

在该杂志封面设计中，将版面中相关的文字内容放置在版面的右侧，并且所有文字采用左对齐的方式，并且运用不同的字体大小，整齐有序的字体排列，使版面的整体效果简洁、大方。

在该海报版面设计中，版面中的文字内容采用左对齐的方式排列在版面的左侧中间位置，并且使用不同大小和粗细的字体来表现主题，左对齐的文字与右侧的人物素材相呼应，丰富了版面空间的变化。

图 3-12

　　文字右对齐的方式并不是很符合人们阅读的习惯和心理，但是以右对齐的方式编排文字显得新颖。右对齐的文字编排方式只适用于版式中少量的文字排版，在右侧的对齐部分，往往能够与图片建立视觉联系，从而获得版面的整体效果。如图 3-13 所示为使用文字右对齐排版方式的版式设计。

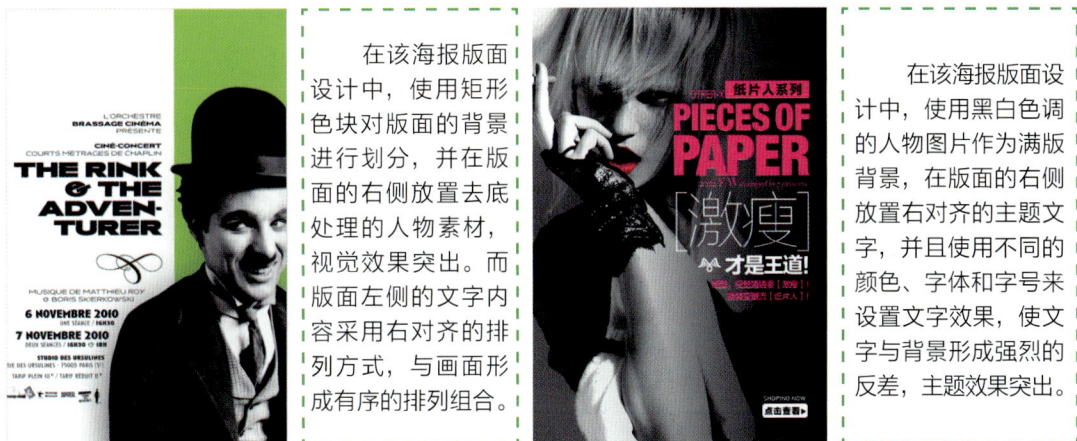

在该海报版面设计中，使用矩形色块对版面的背景进行划分，并在版面的右侧放置去底处理的人物素材，视觉效果突出。而版面左侧的文字内容采用右对齐的排列方式，与画面形成有序的排列组合。

在该海报版面设计中，使用黑白色调的人物图片作为满版背景，在版面的右侧放置右对齐的主题文字，并且使用不同的颜色、字体和字号来设置文字效果，使文字与背景形成强烈的反差，主题效果突出。

图 3-13

3.2.3　中心对齐式

中心对齐方式是指文字以中心为轴线进行排列，其特点是视线集中，重点突出，整体性强。采用中心对齐方式的文字与图片搭配时，其轴线最好与图片中轴线对齐，以取得版面视线的统一。整体上来说，采用中心对齐方式对版面中的文字进行排版处理，可以使版面给人紧凑、传统、肃穆、经典的感觉。如图 3-14 所示为使用文字中心对齐排版方式的版式设计。

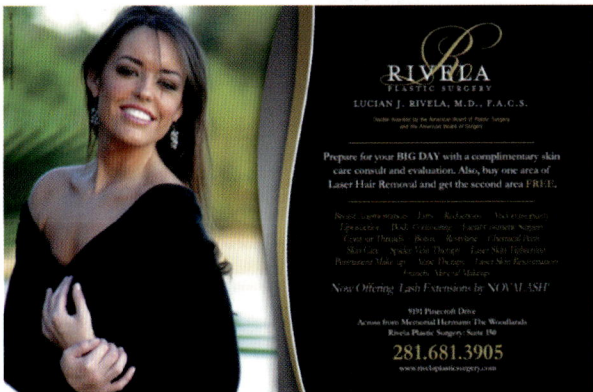

在该宣传页的版面设计中，左侧放置满版的人物素材图片，右侧放置文字内容，中间使用曲线状线条进行分割。在右侧的文字排版中使用中心对齐的方式对文字进行排版处理，使版面的表现效果精致、典雅。

图 3-14

3.2.4　自由排列式

在版式设计中，自由排列方式是一种具有诗意、感性的文字排版方式，这种方式能够打破排版秩序，崇尚随意，比较适合文字较少的版面。同时这种形式便于文字与画面融合，轻松、富有韵味地展开主题。如图 3-15 所示为使用文字自由排列的版式设计。

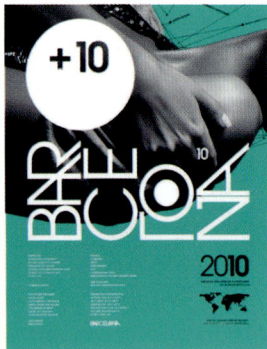

在该杂志版面设计中，文字采用了自由排列的方式，并且使用了不同的字体和字号，将主题文字旋转90°进行排列，在版面中的效果非常突出，整个版面显得灵动，富有个性。

在该杂志版面设计中，文字采用了自由排列的方式，既有左对齐水平排列文字，也有垂直排列文字，还有倾斜排列的文字，自由的文字排列方式，使版面的表现轻松而富有诗意。

图 3-15

3.2.5　文字绕图式

文字绕图的排版方式在版式设计中具有很好的设计感，它是指将去底处理的图片插入到版面的文字内容中，使文字直接围绕图形边缘进行排列，图文呈现自然融合的状态。这种排版方式能够给人以亲切、自然、生动的感觉，是版式设计中常用的形式。如图 3-16 所示为使用文字绕图方式的版式设计。

在该杂志封面设计中，使用不同的字体和字号来表现不同的内容，并且将相应的文字沿着版面中人物的轮廓边缘进行排列，丰富了版面的表现形式，使版面的整体表现效果随性并富有变化。

在该杂志版面设计中，富有创意地将版面的主题和相关内容放置在望远镜素材之中，表现自然，主题内容的表现非常突出，使版面具有很好的创意和表现力。

在该时尚杂志跨页版面设计中，在左侧页面中放置满版图片，在图片上方叠加放置相应的主题文字和简洁的介绍内容，右侧页面为相应的正文内容，将正文内容分为两栏进行排列，并且在正文内容中放置相应的去底处理人物素材，对文字内容进行绕排处理，使得版面的表现轻松而富有亲和力。

图 3-16

3.3　版式中文字编排的特殊表现

　　文字的特殊处理是指对版面中重要的文字内容通过强调或图形化等方式进行突出表现，这样可以使版面中的主题更加突出，并且能够增强版面的艺术视觉效果。

3.3.1　标题与正文的编排

　　标题在版面中起画龙点睛的作用，标题的位置、字体、大小、形状、方向的处理方式，直接影响整个版面的艺术风格。标题与正文编排时，对于 16 开、8 开以上面积大、文字多、内容杂的报纸、刊物，首先应该考虑将正文进行分栏处理，可以分为双栏、三栏、四栏等，再将标题置入正文中。将正文分栏，是为了使版面形成空间的变化，以避免通栏的呆板以及标题插入方式的单一性。如图 3-17 所示为正文与标题的设置效果。

　　在该杂志版面设计中，使用人物素材作为满版背景，在版面的下方放置相应的内容，使用大号加粗字体表现标题，并且将标题设置为不同的颜色，有效地突出了版面中标题的表现效果。

　　该杂志版面中图片较多，将去底处理后的图片沿版面四周进行排版处理，将文字内容放置在版面的中间位置，并且为版面的标题添加黑色的背景色块，使标题在版面中的表现非常突出，版面具有现代感。

图 3-17

　　对版面中的文字内容进行分栏的目的是为了方便读者的阅读。有时正文排列也可以突破分栏，自由组合，轻松自如地传递信息。正文排列最常见的是横排，它顺应视觉特点，为受众所喜爱，也有少数使用竖排、斜排、弧线排等，只要保持清晰易读，这些规律中求变化的排法，往往会带来独特的视觉感受，如图 3-18 所示。

　　提示　在对版面中的文字内容进行排版时，字的大小、字行的长度也需要把握恰当。实验表明，小五号字，字行 100mm~110mm；四号字，字行 120mm；小四号字，字行 80mm，视觉效果较好，也就是说一般情况下字行长度宜在 80mm~110mm。对于报纸杂志中的多栏，要相应缩短行长，一般控制在 60mm 左右。

在该杂志跨页版面设计中，在左侧页面中放置经过去底处理的相关素材图像，在版面中间部分通过背景色块横排左右页面，在背景色块上方放置版面的主题文字和图片，使左页与右页联系在一起，右侧页面中放置正文内容，并且将正文内容分为三栏，文本内容整齐、美观。整个版面给人感觉文字内容清晰，版面活跃，富有节奏感。

图 3-18

3.3.2　文字的图形化编排

文字的图形化创意，是根据文字的含义特征和编排主题对文字本身进行结构变化、绕图排列、图文叠加或利用含义、形式的相似进行双重构成的一种创意编排。这种编排形式具有较强的趣味性与可读性。如图 3-19 所示为版式设计中的文字图形化创意编排。

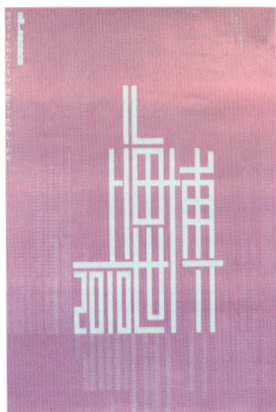

在该海报版面设计中，在版面的中间位置放置主题文字，通过对主题文字的变形处理，使主题文字的表现效果强烈，简洁而富有创意的版面设计，让人感觉更有含义和趣味性。

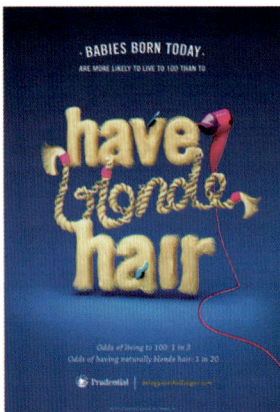

在该产品海报版面设计中，产品图片作为辅助图形辅助主题文字的表现，而主题文字则进行了图形化的处理，将主题文字处理为毛发的效果，形象而生动地表现产品海报的主题，使整个版面具有很强的趣味性。

图 3-19

另外，将一定数量的文字排列成一根线、一个面或群组作为一个形象，使其具有图形特征，能够使版面条理清晰且富于整体感。它避免了版面空间的散乱状态，具有良好的视觉吸引力，是形式与内容相统一的最佳形式。文字的图形化处理切记不可随意滥用，它必须依据主题内容来确定，如图 3-20 所示。

文字图形化处理是在不影响其原有传递功能的情况下，对字体进行艺术创造，强调文字的美学效应。文字图形化处理既有图形的直觉性、丰富性、生动性，又有文字传递信息的准备性、直接性。它增强了文字的鼓动力和趣味感，最大程度发挥了文字传递信息的功能。

在该电影海报版面设计中，将版面在垂直方向上一分为二，左侧为人物面部的一半，右侧为纯白色背景，在右侧将主题文字组合成为另一半人物脸部，版面的对比效果强烈，具有很强的表现效果。

在该传统文化宣传海报设计中，将拆散的文字笔画组合成为传统乐器的外形效果，具有很强的文化象征意义，版面中的主题文字则采用毛笔字体，使整个海报表现出浓厚的传统文化氛围。

图 3-20

3.3.3　文字重叠

文字不印在单一背景上，以其他文字、图形、图片做底，进行叠置，这种设计方式在设计专业上称为杂音，从它貌似模糊杂乱的版面上可以感受到活泼、跳动、透明、时间、叙事等多种独特的表现力，可以领略到丰富的视觉层次。如图 3-21 所示为文字重叠在版式设计中的应用。

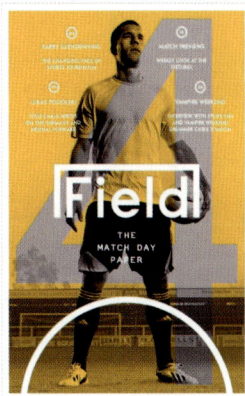

在该海报版面设计中，使用满版图片做底，在其上方叠加充满版面的数字，又在其上方不同的版面位置叠加其他相关内容，整个版面中元素的相互叠加，产生丰富的视觉层次，具有很强的层次感和空间感。

在该杂志版面设计中，将标题的首字母A放大充满整个版面，并且设置为红色，在版面中非常突出，通过文字与文字进行相互叠加放置，使版面中的内容形成一个整体，在版面中形成点、线、面的对比构成。

图 3-21

技巧　重叠处理是现代版式设计中常用的表现手法，由于不同要素的重叠降低了阅读性，容易使版面显得凌乱，使用该方法时需要综合版面中的各方面因素，把握好整体关系。

3.4 强调文字表现的方式

在版面设计中对重要的内容进行强调处理的方法有很多，包括首字强调、使用加粗加大的字体表现、使用线框等图形突出等，使用这些辅助手段都是为了使重要的主题内容更加突出，使读者一目了然。

3.4.1 行首强调

首行的强调源于欧洲中世纪时代的文稿抄写员，它是将段落文字的字首或字母放大处理的一种文字编排文法。由于它在段落中起着强调、吸引视线、装饰和活跃版面的显著作用，因此在杂志编排设计中被广泛应用，如图 3-22 所示。

在该旅游杂志版面设计中，使用风景图片相互叠加构成版面背景，文字内容则使用白色的矩形色块突出显示，使用粗细结合的字体表现标题，而正文部分则将第一个文字进行行首强调处理，充分吸引读者的视线。

在该杂志版面设计中，对版面内容进行分栏处理，并在每一栏中使用文字与图片相结合的方式表现内容。在第三栏中为了突出表现内容的顺序，将段落行首的数字序号进行强调处理，并且将其设置为鲜艳的黄绿色，不但吸引用户的视线，也有效地活跃了版面。

图 3-22

另外，在段落中将行首字进行放大、图形化、装饰化的处理，在版面中不仅能够起到画龙点睛的作用，还可以获取版面全新的装饰风格和多层次的视觉感受，如图 3-23 所示。

3.4.2 使用线框、符号强调

如果需要把版面内容中的个别文字作为诉求重点，就可以对它们使用下划线、线框、添加指示性符号、加粗、倾斜字体等手段进行强调。线框的处理，可以划分界定版面空间，让其中的信息鲜明、突出。加粗、倾斜字体等其他方法也可以起到强化信息，引起读者关注的作用，如图 3-24 所示。

图 3-23

首字下沉是在排版设计中最常用的一种首字强调方式，在该画册跨页版面中使用首字放大下沉的方式来进行强调，并且对所强调的首字添加了正圆形底纹进行装饰，丰富了文字排版的视觉效果。虽然采用了分栏的方式来对版面内容进行排版，但跨栏甚至跨页的图片放置，使得版面的空间富有弹性、活力与变化。

在该画册跨页版面设计中，对相关内容进行排版处理时充分运用了线框对相关内容进行划分，使得各部分内容的划分非常清晰、易读。各部分内容的标题使用了大号加粗的字体，并且同样使用了线框和红色的三角形来进行强调，使版面中的信息更加鲜明、突出。

图 3-24

在该杂志跨页版面设计中，创意性地将版面的正文内容以分栏的形式放置在版面的左上角，而将版面的主题文字内容放置在版面的中间位置，通过红色的背景色块来突出版面主题文字的表现，并且将左侧页面与右侧页面相连接，使跨页形成一个整体。

提示

在整体版式中有意识地运用醒目的线框或符号对某一文字信息进行强调，使画面形成动静结合的视觉效果，其目的是为了突出画面的诉求重点。

第4章

版式设计中的图形编排

　　图形是一种视觉传达形象符号，它以符号化的、高度精练的图形语言和易于理解的构图秩序传达预想的意义。图形语言的形象特征使它具备了利用视觉形象传递信息的优势，这种优势是其他视觉语言不可替代的，与文字符号相比，图形符号更具有直观性、生动性和概括性。

　　本章将向读者介绍有关版式设计中图形的分类、处理方式和编排形式等内容，使读者能够掌握在版式设计中对图形进行编排的方法和技巧。

LAYOUT DESIGN

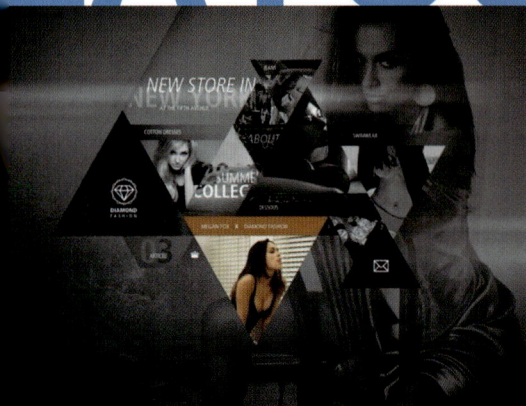

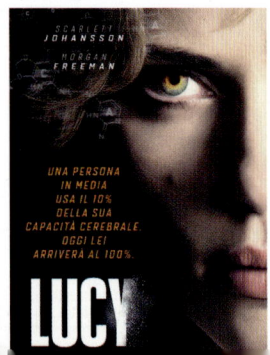

4.1　图形的分类

版面中的图形主要可以分为摄影图片和创意图形两大类。摄影图片写实、直接、细腻，可以根据创意需求、版面位置对其进行裁剪、取舍、改善，要注意摄影图片与版面的内容主题、风格的内在联系。创意图形以独特的想象力、创造力及超现实的自由构造，在版面中展示着独特的魅力，它个性灵活，易于变化，更适合于复杂不规则的版式。

4.1.1　摄影图片

摄影图片多是将所要传达的内容，包括物品、人物、风景等形象通过摄影，经电脑软件制作后呈现的写实的、以传达特定信息为目的的图片。这种图片基本上真实反映了自然形态的美，增强了所传达信息的真实感受，具有说服力和感染力。与抽象图形相比，有着更为直接、易懂、可信、快捷和经济的特点，便于人们快速接收信息，所以在版式设计中具有重要的地位。摄影图片一方面是为了直观地传达内容信息，另一方面也是为了版面装饰的需要。如图 4-1 所示为摄影图片在版式设计中的应用。

在该美食杂志版面中，使用高清晰的美食摄影图片作为版面的满版背景，迅速抓住读者的目光，在版面上方使用半透明背景色来衬托文字内容的显示，整个版面具有很好的表现力。

在该时尚杂志版面中，使用高清晰的人物摄影图片作为版面的满版图片，在图片上方搭配简洁的主题文字，并且人物摄影图片能够很好地表现主题文字的内容，使图片与主题相呼应。

图 4-1

4.1.2　创意图形

在版式设计中，除了可以直接采用摄影图片之外，还可以根据画面的需要进行创意图形设计，也就是说根据一定设计主题展开有目的的图形创意，在特定思想意识支配下将某一个或多个元素组合，以富有深刻寓意的哲理给人们以启示。表现形式既可以是手绘，也可以是电脑合成的图形，其目的是以"形"达"意"，将特定的信息和概念视觉化地再现。根据图形设计视觉传达效果，创意图形可以分为具象图形、抽象图形、比喻图形、象征图形、对比图形、幽默图形、浪漫图形等。如图 4-2

所示为创意图形在版式设计中的应用。

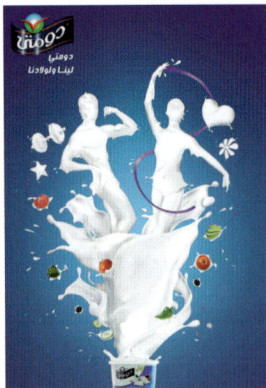

该牛奶海报的版面设计非常简洁，主要在版面中设计创意图形，将牛奶处理成为跃动的人物造型，搭配各种水果素材，图形的表现效果非常突出，表现出牛奶的新鲜、美味，以及给人们带来健康体质。

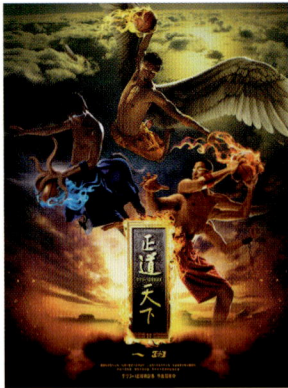

该运动品牌海报的版面设计非常具有创意，将版面中的各种运动人赋予一种特殊技能，使其化身为战斗的勇士，通过色彩和版面背景的渲染，使版面表现出一种激情与活力之感，给人很强的视觉冲击力。

图 4-2

具象创意图形是指根据一定的设计主题，以一个具体形象表达特定含义的设计图形。其特征是直观，便于识别和记忆，如图 4-3 所示。

在该系列的动物保护宣传海报中，通过对各种动物图形的创意设计，将具象的动物图形处理为沙土流逝的效果，表现出这些动物濒临灭绝的处境，从而唤起人们保护动物的意识。并且海报使用灰暗的棕色调作为设计主色调，给人一种昏暗、无力与死亡之感，更加突出了主题的表现。

图 4-3

抽象图形是相对于具象图形而言的，它不受具体客观形象的制约，具有简洁、单纯、鲜明的形式美视觉特征，是对客观事物有规律的概括与提炼。抽象图形较之具象图形，具有容量大、形式感强等特点。例如，对于一些难以用具象图形描绘和表现的事物、抽象概念等，可以充分运用抽象图形的构成原理和表现形式，通过具有象征意义的抽象图形达到视觉审美的要求，它与具象图形并存，在现代图形设计中发挥着巨大的作用。如图 4-4 所示为抽象图形在版式设计中的应用。

该海报是一款新闻 APP 的宣传海报，在该海报中将人物与猫相结合，将文字内容处理为鱼的外形，整体图像具有很好的抽象表现效果，并且海报的主题文字使用手写字体，给人很强的随性和自由感。

该汽车宣传海报的版面设计非常简洁，通过对版面中图形的巧妙处理，使整个版面看起来是一个抽象的人物驾驶汽车的效果，预示着该汽车能够带给你的惬意生活，版面中只在左上角和右下角放置少量文字，重点突出整体创意图形的表现。

图 4-4

4.2　版式中图片的处理方式

　　图片在版式设计中有着重要意义，它以形象的方式被瞬间接受和评价，视觉冲击力比文字强很多，俗话说一图胜千字，这并非指文字表达能力弱，而是指图片能超越文化、语言、民族诸多差异。一些用文字难以传达的信息、感受、思想，借助图片可以达到迅速沟通的效果。

4.2.1　编排前的图片分类筛选

　　在使用图片进行版面编排时，首先应该对所要使用的图片进行分类。由于图片包括很多种类，有着内容、功能、主次、色调的不同，所以在使用时了解不同图片的使用目的，就可以有效地避免版式的混乱。通过整理、分类，对图片的排列形式就会逐步明朗起来，更便于做出合适、流畅的版面编排。例如从图片摄影角度分类、图片的主体内容分类、图片的色调分类、图片的主次关系分类等，通过分类后合理安排图片的位置，可以使版面产生整体而平衡的视觉效果，如图 4-5 所示。

4.2.2　矩形图片处理

　　矩形图片是版式设计中常用的一种图片形式，图形以直线轮廓来规范和限制，具有简洁、单纯的视觉特征。矩形图片能够比较完整地传达主题思想，富有情节性，便于渲染气氛。在版式设计中使用矩形图片，可以使版面具有静止、理性和稳定感。如图 4-6 所示为应用矩形图片的版式设计。

在该产品宣传画册的跨页版面设计中，使用了两张相同色调的产品摄影图片，将这两张图片沿对角线进行放置，两张图片都采用了不规则的形象，并且将其中一张图片放大，另一张图片缩小，大图片为产品的全景展示效果，小图片为产品的局部展示效果，通过图片大小和位置的对比，使版面的表现重点突出，整体视觉效果平衡。

在该美食杂志跨页版面中，将美食图片分别放置在版面的4个角上，文字内容放置在中间位置，从而使版面表现出稳定的视觉效果。4个角上所放置的图片并不是相同的尺寸大小，而是有些图片较大，有些图片较小，并且有些图片还使用了去底图片，使得版面中的图片大小富于变化，整个版面的表现稳定而具有活力。

图 4-5

矩形图片是版面设计中最常见的一种图形应用形式。在该杂志跨页版面的设计中，使用大小不一的矩形图片在版面中进行编排处理，各矩形图片之间保持相同大小的间隔，使得版面的整体表现效果稳定而富有秩序，搭配分栏的文字排版处理，使得版面的表现效果精致、大方。

图 4-6

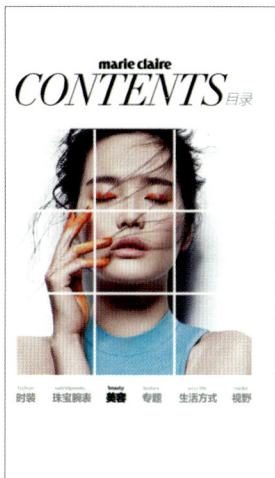

　　该杂志目录的版面设计，整体采用居中的设计，并且将中间的矩形图片进行九等分的分割处理，使得矩形图片的表现效果突出。版面中使用大量的纯白色留白，整个版面表现出简洁、大方的视觉效果。

　　该美食杂志的版面设计，将版面分为两栏分别介绍两种不同的美食，使用文字与矩形图片相搭配，中间使用分隔线进行分隔，使得版面中的内容清晰、直观。并且使用对角线的对称设计，使版面富于变化。

图 4-6（续）

4.2.3　圆形图片处理

　　圆形图片是根据版面内容的需要，对原图片沿圆形进行裁剪的处理方式。这种形式是在保留原图主要内容的前提下，对矩形图片进行目的性削弱，使其具有活泼、动感的视觉特征。经过裁剪而成的圆形图片能有效地增强版面的视觉冲击力和亲和力，如图 4-7 所示。

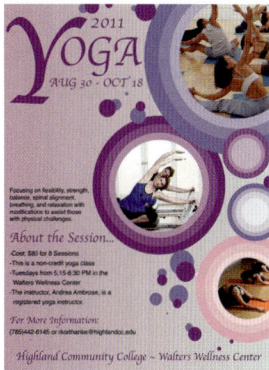

　　在该瑜伽 DM 宣传页的版面设计中，使用圆形作为版面的主体图形，通过不同大小的圆形，并且在圆形中放置圆形的摄影图片，使版面的表现效果更加活泼、引人注目。

　　在该电影海报的版面设计中，整个版面使用圆形构成，通过一层层的圆环图形相互嵌套，并且将电影中的人物和场景处理到圆环图形上，预示着电影剧情的紧张、刺激、环环相扣。

图 4-7

　　在版式设计中除了矩形和圆形这两种常规形状的图片外，还可以应用三角形、梯形等其他几何形状的图片，具体的限定形状可以根据版面的设计内容和表现而决定。在使用各种不同的几何形状图形的版面设计中，图片经过创造性的加工组合，往往使版面更加新颖突出，从而给人们带来新鲜感，提高阅读兴趣。如图 4-8 所示为应用几何形状图片的版式设计。

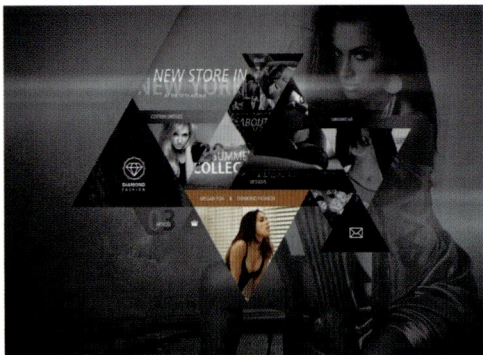

在该网页版面设计中，使用黑白的人物摄影图片作为页面的满版背景，在版面中间位置，通过多个三角形图片的搭配组合来表现版面中的内容，三角形能够给人一种尖锐感和不稳定感，将鼠标经过状态下的三角形图片设置为彩色图片，而其他的三角形图片为黑白图片，形成黑白与彩色的对比，使浏览者能够更容易区分当前的操作，整个版面给人感觉时尚而富有个性。

图 4-8

4.2.4　去底图片处理

去底图片是在原图片中选出要使用的部分，沿图形轮廓进行剪裁，保留轮廓主题图形的一种图片处理方式。在裁切前需要明确所取部分和背景之间的边界，以确保图片裁切的精细、完整。去底图片具有的动感效果使版面中的图片显得轻松、活泼，可以充分展示所要传达的物品形象，吸引人们的视线。如图 4-9 所示为应用去底图片的版式设计。

在该时尚杂志版面设计中，既使用了矩形图片的编排，又在版面中放置了多个去底图片，通过去底图片的相互叠加排列，使得版面的整体表现效果更加自由、轻松、活泼，突出表现了时尚杂志版面的随性和活泼的特点。

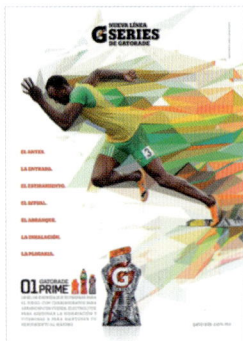

在该运动饮料海报版面设计中，将奔跑的运动人物进行去底处理，并将其与多种不同色彩的几何图形结合，使版面表现出强烈的动感和时尚感，版面中的其他内容则采用简洁的设计风格，动静结合，表现效果突出。

在该城市旅游宣传海报的版面设计中，在版面的中间位置使用大号圆角字体表现海报主题文字，并通过多个不同造型的去底人物与主题文字相结合，使得主题的表现效果更加鲜明，在版面的 4 个角上放置其他相关的内容，使版面的表现更加稳定。

图 4-9

在版面设计中大胆地将去底处理的图片素材作为插图来使用，除了能够强调图片素材的存在感，也进一步强化了版面的图片诉求力。在一些时尚杂志或产品宣传杂志的版式设计中，就常常将产品图片进行去底处理运用在版面中，这种能够呈现拍摄主体细节的编排手法是最合适的设计。如图 4-10 所示为应用去底图片的版式设计。

在该产品宣传画册的跨页版面中，左右两页分别为介绍男鞋和女鞋这两种不同类型的产品，左右页面使用对比色调，使两个页面有很好的区别，在版面中将产品图片进行去底处理，通过对去底图片的编排，使版面的表现更加自由，也更易于与文字内容进行混排。

图 4-10

提示　在版式设计中，使用去底图片与文字搭配时还需要注意，由于去底图片背景已经被裁切，需要有意识地拉开图片与文字内容之间的距离，图片距离太近容易给人造成一种压迫感。

4.2.5　出血图片处理

出血图片是为了吸引读者的视线，将图片扩大至超过版面大小的程度。图片充满整个版面，是一种有效提高图片视觉冲击力的手段，常常用于表达抒情或运动主题的版面。但需要注意的是，在版面中过度地放大图片会给人造成憋闷的感觉。如图 4-11 所示为应用出血图片的版式设计。

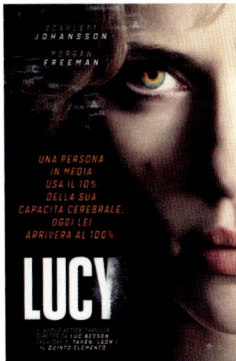

在该电影海报的版面设计中使用人物脸部特写作为海报的满版图片，并且只在版面的右侧放置人物一半的脸部，给人很强的视觉冲击力。在版面的左侧放置简单的说明文字和电影名称，整个海报设计简洁，但视觉效果突出。

在该旅游杂志版面中使用与所介绍主题内容相符的风景摄影图片作为版面的满版背景，在版面的中间位置放置主题文字和简短的介绍内容，版面的构图非常简洁，通过满版图片的运用，仿佛将读者带入到该场景之中。

图 4-11

该杂志跨页版面使用动物摄影图片作为跨页满版图片，全景展现该动物摄影图片的细节，仅在版面左上角位置使用小号文字安排说明内容，整个版面给人很强的视觉冲击力。

图 4-11（续）

提示　在版式设计中采用出血图片的表现方式，能够使整个版面的视觉传达效果直观而强烈，文字内容在版面的上下、左右或中部（边部和中心）的图像上。需要注意的是所选择的出血图片需要具有出色的意境，能够有效烘托整个版面的表现效果，并且能够与该版面所需要表现的主题内容相吻合。

在版面设计中并不是所有出血图片都需要占满整个版面，也可以是左右出血或上下出血的图片形式，结合版面中的留白处理，使版面有向外延展的感觉，使人们能够同时意识到视觉顺序与版面的开放性。如图 4-12 所示为应用出血图片的版式设计。

在该楼盘画册跨页版面中，在版面下方放置水平方向满版出血图片，横跨左右页面，使得版面空间具有延伸感，在版面上方分别放置简洁的文字内容和两张小的矩形图片，版面的整体表现效果非常简洁、大气，给人一种气势恢宏的感觉。

图 4-12

4.3　版式中图片的编排形式

在版面设计过程中图片的使用非常重要，其中图片的大小、位置、方向等因素都会影响到版面的视觉表现效果。在进行排版设计的时候，虽然对内容进行统一是很重要的，但是如果一心只想强行地统一某个部分内容，那么就一定会出现偏差，这个问题是应该要避免的。

4.3.1　图片的位置

通过与委托方协商及对图片的整理分类，可以有效地把握版面内容的先后顺序和版面结构的大致框架。一旦确定所要传达的重点内容，图片的先后顺序就确定下来了，也就可以将主要信息图片安排在版面中优先的视觉位置上，并通过对图片尺寸的调整进行有效编排，如图 4-13 所示。

在该杂志版面中将模特人物的展示大图放置在版面的左侧，而右侧放置各种服饰设计的单品图片，并且右侧图片都使用去底处理，使整个版面显得活泼，有空间层次感。

在该水果茶饮品海报设计中，在版面的中心位置放置创意图形，突出表现产品的特点，在版面的右下角放置产品图片，版面的表现效果简洁、重点突出。

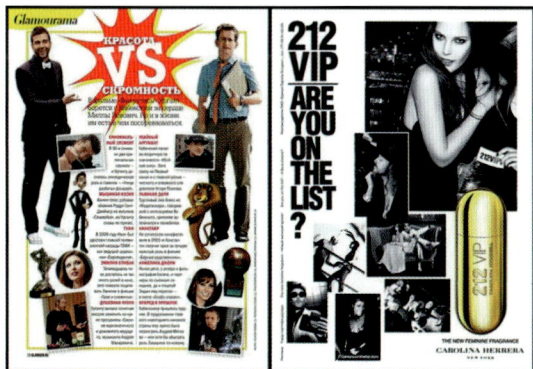

在该杂志跨页版面中，左侧页面在版面的两侧分别放置图片，中间放置文字内容，使版面显得稳定大方，右侧版面中使用不同大小的矩形图片进行叠加排放，图片的大小、前后排列赋予版式多层次的视觉空间感。

图 4-13

版面的上、下、左、右以及对角线连接的 4 个角都是视觉的焦点。其中，版面的左上角更是常规视觉流程的第一个焦点，因此将重要的图片放置在这些位置，可以突出主题，令整个版面层次清晰，视觉冲击力也较强，如图 4-14 所示。

在该杂志跨页版面中，在版面的左上角和右下角分别放置图片，左上角的图片尺寸较大，几乎占据半个版面，表现效果突出，具有较强的视觉冲击力，与右下角的小图片形成大小的对比，图片的主次处理，使得版面的结构清晰，主题突出。

图 4-14

提示 版面中的上下左右、对角线、四角均可以放置图片，在设计过程中应该根据其内容要素、视觉效果、心理感受来选择图片放置的位置，有效地控制各个点，使版面主题鲜明、简洁、清晰、富于理性。

4.3.2 图片的面积

一般来讲，图片的大小决定着读者的注意程度，同等的清晰度，大图片相对于小图片而言更能够吸引读者的视线。所以，在图片编排过程中，常常将主要信息图片有意识地放大以突出主题，如图 4-15 所示。图片大小以及占有版面的面积直接决定着图版率，所以在设计时可以通过调整图片大小来有效地控制图版率和页面效果。

在该杂志广告版面中将去底处理后的产品图片放置在版面的中心位置，占据版面中较大的位置，搭配其他辅助素材，并且版面中的文字都使用细线字体，使整个版面表现出清新、雅致的视觉效果。

在该香水宣传海报设计中，运用夸张和对比的手法，将产品图片充满整个版面，而人物图片则沉浸在香水瓶中，通过大小的反差对比，突出展示产品以及该产品对女性的诱惑力。

图 4-15

在该杂志版面中，将大图片作为版面的背景图片，占据着版面中较大的面积，在该图片中不影响图片展示的位置放置分栏文字内容，在版面的下方则放置了多张小图片，版面中大的图片与小的图片相呼应，图片的大小和位置经营有序，使整个版面具有很好的视觉层次和感受。

图 4-15（续）

提示　在版面设计过程中，重要图片的面积通常较大，例如在化妆品广告版面中的唇膏、睫毛膏都是把能显示局部特征的图片放大处理，造成视觉的心理的强大冲击，成为关注要点。从属图片缩小、点缀，呼应着主题，形成主次分明的格局。

图片大小的对比不但可以表示信息的先后顺序，还可以制造出版面的节奏感。如果图片的尺寸上有一些微小的偏差，那么不同大小的图片分布于各个位置上，就很容易使版面显得非常杂乱无章。因此需要对图片进行一定程序上的协调和统一，从而保持版面结构的平衡。如果图片的尺寸类型过多，就会使每一张图片的大小都不同，难以确定主次关系。因此，需要将图片大致分为大、中、小 3 个级别，使图片之间的主次关系更加协调，如图 4-16 所示。

在该杂志跨页版面中，使用了两种尺寸大小的图片，左侧页面中使用满版图片，给人以很强的视觉冲击力和效果，右侧版面中则使用相同尺寸的 3 个小图片水平排列，在图片的下方将文字内容分为两栏进行排版，整个版面的结构清晰，视觉层次简洁、明确。

图 4-16

此外，在版式编排时，图片并不都是以单幅的形式出现，针对多张图片的情况，还需要对内容版块进行分组排列，考虑图片之间的距离安排，如图 4-17 所示。

在该产品宣传画册的跨页版面设计中，以规则矩形的方式放置多张产品图片，产品图片的尺寸可以分为大、中、小 3 个级别，其中以页面左上角的图片最为突出，除了尺寸较大之外，该图片位于版面左上角这一重点位置。并且版面中各产品图片之间拥有相同的间距，使版面的表现效果稳定而规则。

图 4-17

4.3.3　图片的数量

图片数量的变化能够营造出不同的版面氛围和心理影响力，图片数量少（甚至一张），它本身的内容质量就决定了人们对它的印象，版面简洁、单纯，格调高雅，如图 4-18 所示。

在该时尚产品宣传画册的跨页版面设计中，跨页版面采用相同的纯色背景，在左侧页面中放置去底处理的人物满版图片，通过该图片来展现版面的时尚魅力，右侧版面中为简单的白色矩形框和简单的白色文字，整个版面给人一种简洁、高雅、单纯的感受。

图 4-18

通常情况下，图片数量较多的版面更能够引起读者的兴趣。如果一个版面中没有图片全是文字，就会显得非常枯燥无味，很难让人想要仔细阅读下去。图片数量多，版面出现对比格局，显得丰富活泼，有浏览余地，适合普及、热闹、新闻性强的读物，如图 4-19 所示。

图 4-19

在该时尚杂志的跨页版面设计中，运用了较多的图片，并且采用了不同大小和形式的图片进行排版，结合文字内容使用了矩形图片和去底图片，并且对部分图片进行倾斜处理，版面中图片的表现形式非常丰富，使整个版面表现出热闹、丰富、活跃的视觉效果。

4.3.4　图片的组合

在一幅版面中，如果需要展现的图片过多，便可以运用图片组合的排列方法。

一种是将所有的图片按照单元重复的形式进行有序的编排，即各张图片分别占有相同大小的页面空间，给人一种信息充足的画面感受。各图片之间还可以采用间隔的形式，通过图片之间的分隔来减轻画面的压迫感，如图 4-20 所示。

图 4-20

在该杂志版面设计中，将相同尺寸大小的多幅图片围绕着版面的中心进行等距离排列，在版面的中心位置放置主题文字和简短的介绍内容，这种有序的排列方式给人一种信息充足的画面感受。

在该杂志版面设计中，将版面中的多张图片进行去底处理，与文字内容进行混排，并且版面中还在相应的位置应用了圆形的图片，使得版面的表现形式非常自由，给人一种自由、无拘束的感觉。

另一种是有意识地将其中一两张图片放大处理，并将水平方向图片与垂直方向图片混合排列，打破单元的绝对重复设计，使版面产生变化。这种图片编排形式不以单张的图形加以展示，意在将所有图片并列起来，通过图片的整体排列效果，给人带来一种丰富、强烈的视觉震撼力，如图 4-21 所示。

图片的排列除了以上这些有规则的形式以外，还可以根据信息内容和版面视觉效果的需要，创意性地对图片进行多方位的组合调整，设计出新颖多变的图片组合版式。例如将繁多的图片进行整合处理，使其形成一组整体的信息，这样就会使版面显得繁而不乱了，如图 4-22 所示。

在该杂志跨页版面中，右侧页面放置有一张几乎占满整个版面的图片，左侧页面中的多张图片则采用了不同的图片尺寸，并且将水平排列和垂直排列相结合，打破规则的排列方式，使版面的排版方式富于变化，但整体上又比较规则。版面的整体表现富有规则，局部又具有变化，给人一种丰富的视觉感受。

图 4-21

在该海报版面设计中，将多幅图片进行大小、位置、倾斜角度不等的组合调整，使其整体构成一个富有创意的图形效果，此时并不需要在意每张图片所表现的内容，而且图片的整体所表现出的效果，与版面中简洁的文字内容相结合，突出了主题的表现。

图 4-22

提示　在版式设计过程中，不能纯粹为了吸引读者的眼球而在版面中大量地使用图片，图片如果过多，版面会缺乏重点，松散混乱，还是应该根据具体的版面需求来决定图片的数量。

4.3.5　图片的方向

版面中具有方向感的图片可以让人感受到一种速度和力的美感，但对于这些具有一定动势的图片应该加以巧妙处理，使其更能顺应人们阅读时的视觉感受。例如图片中人物的视觉、动作朝向的空间处理，如果视觉朝向的空间宽敞，可以给人舒展、流通的空间感；如果视觉朝向的空间窄小，则给人一种压抑、拥挤的感受，如图 4-23 所示。

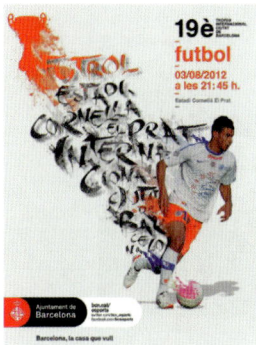

在该海报版面设计中，将人物素材的跑动方向与主题文字相结合，并且主题文字采用手写字体，突出表现版面的动感。

在该海报版面设计中，将人物脸部侧面特写图片放置在版面的右侧，人物眼睛的视线方向宽敞、流通，正好把视觉焦点吸引到主题文字上，并且主题文字使用了金黄色的毛笔字体，与深灰色的背景形成强烈对比，非常醒目。

图 4-23

为了使版面具有动势，一方面在摄影时对信息主体进行不同角度的拍摄，另一方面还可以将原本静态的图片进行倾斜式的摆放，有意识地打破原来的静态效果，从而增强版面的方向性的动感，如图 4-24 所示。

该画册跨页版面使用黑白色设计搭配，使版面的表现效果非常具有个性，并且版面图形采用向右上角倾斜的方式进行设计，所搭配的图片和文字内容同样采用相同的倾斜处理，使整个版面具有方向性的动感效果，并且版面中不同明度的灰色相互叠加，也拓展了版面的空间层次感。

图 4-24

提示

图片方向可以是人物或动物的视线动作，可以是有方向性的线条、符号、图片组合形式，也可以借助近景、中景、远景来达到。它们的变化会在版面中形成某种视觉动势，具有视觉导向作用。

4.3.6　整体与局部

　　版式设计中除了要处理好每张图片的摆放形式，更要注意图片的整体排列效果。既要加强画面的局部变化，又要注意版面整体的结构组织和方向视觉秩序，这都需要以周密的组织和定位来获得版面的秩序。否则，必将造成松散、割裂的状态，也就破坏了版面的整体效果，如图 4-25 所示。

　　在该杂志版面设计中，使用图片来围绕主题文字内容，在版面左侧放置垂直满版图片，展示整体形象，右侧放置各种去底处理的产品图片，使版面的整体表现丰富而具有节奏感。

　　在该版面设计中，以矩形图片的展示为主，在版面上方使用矩形方格的方式放置图片，并且在其中不同色块的矩形上展示相应的文字内容，各矩形方块保持相同的间距。版面整体效果稳定，局部富有变化。

图 4-25

4.3.7　图片的网格编排

　　网格编排是杂志、画册等图文混排的一种版式设计方法，其主要特点是运用数字的比例关系，通过严格的计算，把版心划分为无数统一尺寸的网格，例如将版面划分为一栏、二栏、三栏以及更多的栏，把文字和图片安排于其中，是一种有规律的、快捷的设计方式，使版面具有一定的节奏、韵律变化，并产生"规范"和"速度"感。网格编排处理在实际运用中具有科学性、严肃性。如图 4-26 所示为使用网格编排的版面设计效果。

　　在该杂志跨页版面的设计中，文字内容较多，通过分栏的方式来安排版面内容，将每一页分为四栏，在分栏中安排相应的文字和图片内容，使得整个版面的结构非常清晰。但是版面的局部位置又将图片进行跨栏排列，使得版面不会太死板，活跃版面的表现效果。

图 4-26

图片网格编排法有很多种，常见的有威尔·霍布京斯创立的 12 等分网格法、卡尔夏斯托奈尔创立的 58 等分网格和尼霍森版面分割原理，这些方法分别将版面划分为若干等份，图文编排便是在这些空间里进行的。

12 等分网格法：把版面每页竖向划分为 8 等份，每页横向划分为 12 等份，每一等份之间留一定的间隔，然后按图片的大小、多少，顺着等分线分割。一页版面可放 1 张、2 张或 4 张图片。

58 等分网格法：适用于正方形的版面，可以将正方形的版面分割组成 1 幅、2 幅、4 幅、9 幅、16 幅、25 幅、36 幅画面。该网格法在版面设计中简单易行，效果很好。

尼霍森分割原理：讲究各个部分的配置、分割，使版面主次有序，层次清楚。版面分割要主次有序、层次分明、彼此呼应、和谐得体。该原理提出了"版面的视觉中心区"的概念，并首次将视觉与心理学结合在一起，应用在版式设计中，如图 4-27 所示。

在该杂志跨页版面的设计中，右侧页面采用比较自由的编排方式，将不同尺寸大小的图片相互叠加排列在版面中，使版面给人感觉自由，而左侧版面则采用网格法进行排列，上半部分为两栏，下半部分分为三栏，版面的结构层次非常清晰，阅读起来非常方便、轻松。

图 4-27

4.4　图片在版式设计中的作用

作为版式设计中的重要元素之一，图片比文字更能够吸引读者的注意，不但能直接、形象地传递信息，还能使读者从中获得美的感受。因此，图片的选择和编排处理对版面效果起着至关重要的作用。

4.4.1　表现版面的氛围

在版面中使用图片，特别是满版图片能够有效地渲染版面所要表现的氛围，并且版面中图片的排版和处理方式不同，同样能够表现出不一样的效果。在排版设计过程中，对于图片素材的选择显得非常重要。如图 4-28 所示为在版面中使用满版图片渲染整体氛围。

在该海报设计中，使用富有创意的表现手法，将人物置身于大自然的环境当中沐浴，体现出产品的自然和舒适感受。在版面中通过合成图片的运用，有效渲染了需要表达的主题。

在该杂志版面中，为了配合该版面主题的表现效果，使用绿色蔬菜和水果图片作为该版面的满版图片，吸引读者的视线，能够有效地烘托版面的主题。

在该杂志跨页版面中，为了配合跨页版面的内容，使用摄影图片作为跨页的满版背景，摄影图片能够给人一种真实感，有效地渲染了版面的整体环境氛围。在图片中选择不影响图片表现效果的位置使用分栏的方式放置文字介绍内容，使读者在阅读的过程中有一种身临其境的感受。

图 4-28

　　一般的矩形图片本身就有框，因此图片就如同一张画一样，具有固定的形象。如果将高明度的图片搭配在大量留白的版面中，由于两者之间的叠加效果，将更能够强调沉静知性的氛围。另外，如果想要进一步强调出固定的印象，可以将左右页面编排成对称的形式，这样也能得到很不错的视觉效果。如图 4-29 所示为大量留白在版面中的应用。

在婚纱摄影跨页版面中，通过左右对称的版面设计，从而突显出沉稳而固定的印象，像这种左右对称的版面设计，通常能让人感受到页面的对比，并赋予版面完整性。该跨页版面中大量使用留白，使版面表现出一种知性、宁静、美好的氛围。

图 4-29

商业杂志往往更希望能够创造出活泼的版面，此时可以通过图片的编排方式来强化方向性，从而让内容显得更加生动。

如果要强调方向性，除了可以利用前面所介绍的人物视线外，还可以利用极端的角度来创建图片的震撼力，或是使用倾斜图片的方式创建动感效果。注意不要将版式设计得过于工整，而要多尝试使用风格大胆的图片，这样才能够让版面活泼起来，如图 4-30 所示。

在该汽车画册跨页版面中，运用倾斜的汽车图片和不规则形状的汽车图片相搭配，并且对版面中的汽车图片进行去底处理，在版面中表现出强烈的动感效果，版面中文字的排版也根据图片边缘的变化而变化，使整个版面的表现更加活泼、自由。

图 4-30

4.4.2　图片的构图

图片的构图对于版面设计来说同样重要，好的图片构图能够让版面增色不少。在版面设计过程中，可以根据版面中图片的构图方式来选择合适的排版方式。

当所要设计的内容是两个对比的对象时，可以利用视觉设计强调左右对称的构图，以进一步创造令人印象深刻的版面。尤其是让具有象征意义的两张图片彼此对照，就能直接而明确地传达内容，如图 4-31 所示。

在该画册跨页版面设计中，根据左右版面中所介绍的内容分别放置两张图片，以同样的大小比例，利用跨页的左右版面画构成简单的对比关系，这也正是利用版式设计来呼应及传达内容主题的常规方法。

图 4-31

第5章

版式设计中的色彩搭配

色彩为版面的构图增添了许多魅力，它既能美化版面，又具有实用的功能，更能够进行随意的变化。同时，有色彩的文字比单调的文字更让人印象深刻并且便于记忆。色彩的搭配有时会影响设计的成败，再好的版式编排也需要通过色彩的搭配才能最终完成，因此色彩对版式设计起着极其重要的作用。

本章将向读者介绍色彩搭配的相关知识，以及在版式设计中色彩搭配的具体方法和技巧。

LAYOUT DESIGN

5.1　认识色彩

色彩是人们对客观世界的一种感知，无论是在大自然里，还是在社会生活中，都存在着各种各样的色彩，人们的实际生活与色彩密切相关。

5.1.1　色彩感知

人们通过眼睛直接观察而感觉到的色彩，可以分为光加上颜色之后而透出的透过色，以及光照射到物体上反射出来的反射色。

透过色是指把光加上颜色，直接用肉眼观看。实际上，所谓在光上添加颜色，是由于光的其他颜色被阻隔后的结果，如图 5-1 所示。

透过色是以加色混合方式，由红 (R)、绿 (G)、蓝 (B) 共 3 种颜色混合，表现出各种各样的颜色，如图 5-2 所示。混合红 (R)、绿 (G)、蓝 (B)3 种颜色来表示颜色的方式称为 RGB 色彩。所有颜色混合在一起就变成白色；完全没有颜色的状态就变成黑色。

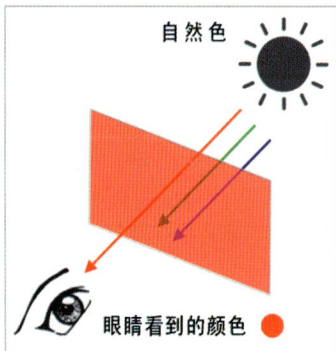

图 5-1

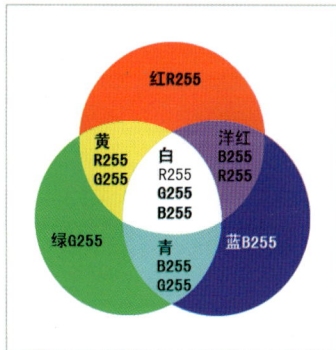

图 5-2

由于电脑屏幕是用这种方式表示色彩，读者可以试着将眼睛靠近屏幕，应该可以看到红、绿、蓝的细小光点。这种色彩表示方式，是采用了这 3 种色彩的英文单词的首字，称之为 RGB 色彩。

另一方面，物体色彩的反射色，是用画笔或染料、油墨之类的"色材"来表现颜色，如图 5-3 所示。印刷品几乎是青 (C)、洋红 (M)、黄 (Y)，再加上黑 (K)4 种油墨相互组合而成，所有的颜色都是以"减色混合"的方式表现的，如图 5-4 所示。用放大镜将印刷品放大来看，可以看见油墨的彩色粒子，这种方式称为 CMYK 色彩。

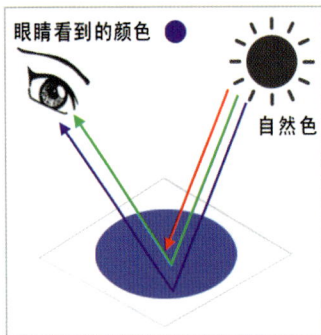

图 5-3

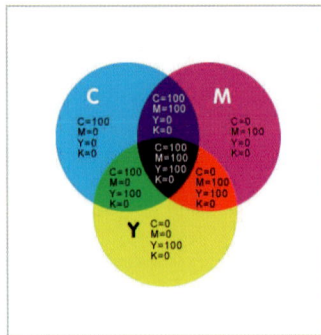

图 5-4

虽然现在的图像设计都是使用电脑设计制作，但是在制作成印刷品之前，只凭借着屏幕上所显示的图像，并没有办法正确地掌握印刷出来的成品颜色。在制作 CMYK 印刷品时，最好比照专用的 CMYK 色表，如图 5-5 所示。另外，还有一种称为"专色"，在预先调好颜色油墨时，利用专色专用的色票当成样本确认颜色，如图 5-6 所示。

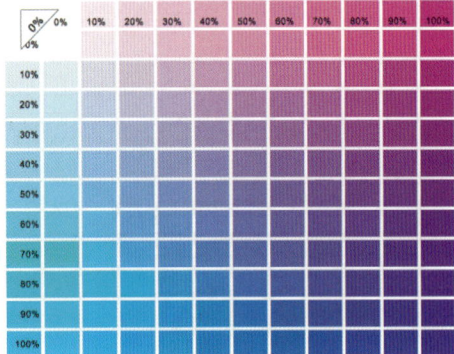

图 5-5

图 5-6

提示　　在设计制作 CMYK 印刷品时，只靠显示器屏幕的颜色和直觉做决定是绝对行不通的，一定要翻阅"色表"，再选择颜色。实际上，各式各样 CMYK 的油墨都分别依比例标上 10% 的刻度（也有标记 5%）以作为确认之用。

5.1.2　色彩的属性

世界的色彩丰富多彩，有肉眼容易观察的，也有不易观察到的，但只要有色彩的存在，它就会具备 3 个基本属性，即色相、明度和纯度，它们在色彩学上被称为色彩的三大要素或色彩的三属性。

1. 色相

色相是指色彩的相貌，是区分色彩种类的名称，是色彩的最大特征。各种色相是由射入人眼的光线的光谱成分决定的。

在可见光谱中，红、橙、黄、绿、蓝、紫每一种色相都有自己的波长与频率，它们从短到长按顺序排列，就像音乐中的音阶顺序，有序而和谐，光谱中的色相发射出色彩的原始光，它们构成了色彩体系中的基本色相。色相可以按照光谱的顺序划分为：红、红橙、黄橙、黄、黄绿、绿、绿蓝、蓝绿、蓝、蓝紫、紫、红紫 12 个基本色相，如图 5-7 所示。

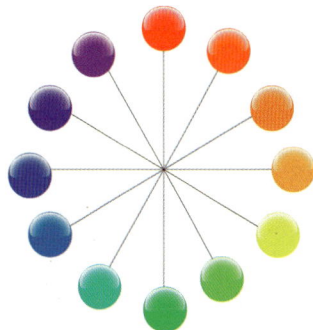

图 5-7

2. 明度

明度就是指色彩的明亮程度。对于光源色来说，也可以称为光度，所有颜色都有不同的光度，亮色则称为"明度高"，暗色则称为"明度低"。色彩的明度与它表面色光的反射率有关，物体表面的反射率越大，对视觉的刺激就越大，看上去就越亮，物体的明度就越高。明度的变化最适合用来表现物体的立体感、空间感和厚重感。

明度最高的颜色是白色，明度最低的颜色是黑色，如图 5-8 所示。

3. 纯度

纯度又称为饱和度，即色彩的鲜艳程度，表示色彩中所含有色成分的比例。色彩成分的比例越大，则色彩的纯度就越高；色彩成分的比例越小，则色彩的纯度越低，如图 5-9 所示。从科学的角度看，一种颜色的鲜艳度取决于这一色相发射光的单一程度。不同的色相不仅明度不同，纯度也不相同。

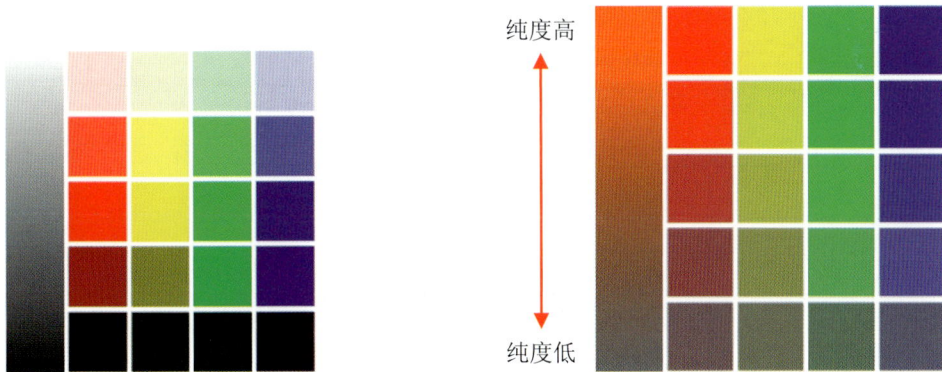

图 5-8

纯度高

纯度低

图 5-9

5.1.3　有彩色与无彩色

色彩可以分为无彩色和有彩色两大类。无彩色包括黑、白和灰色，有彩色包括红、黄、蓝等除黑、白和灰色以外的任何色彩。有彩色就是具备光谱上的某种或某些色相，统称为彩调。相反，无彩色就是没有任何彩调。

无彩色系是指黑色和白色，以及由黑白两色相混合而成的各种灰色系列，其中黑色和白色是单纯的色彩，而灰色却有着各种深浅的不同。无彩色系的颜色只有一种基本属性，那就是"明度"。

无彩色系的色彩虽然没有彩色系的那样光彩夺目，却有着彩色系无法代替和无法比拟的重要作用，在设计中它们使画面更加丰富多彩，如图 5-10 所示。

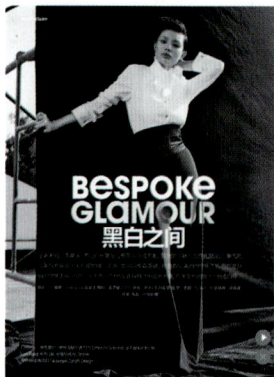

该杂志版面使用黑白的无彩色系搭配，背景为满版的黑白人物摄影图片，给人很强的视觉冲击力，在图片上方搭配纯白色的文字，与背景产生强烈的黑白对比，整体给人感觉视觉效果突出。

该活动海报采用无彩色系搭配，使用去色处理的图片作为版面的满版背景，在版面中相应的位置放置文字内容，整个版面的色调呈现灰色，并且字体大小相近，整个版面给人一种温和、舒适的感受。

图 5-10

有彩色系中的各种颜色的性质，都是由光的波长和振幅所产生的，它们分别控制色相和色调，即明度和纯度，有彩色系具有色相、明度和纯度 3 个属性。

将无彩色系排除所剩下的就是有彩色系，有彩色系包括基本色、基本色之间的混合色或基本色与无彩色之间的不同量的混合等，所产生的色彩都属于有彩色系，如图 5-11 所示。

该宣传页使用粉红色作为版面的背景主色调，搭配同色系的樱花以及各种美食素材，使整个版面的色调表现统一，给人一种温柔、美好的印象。

该杂志版面使用对比强烈的黑白色彩作为主色调，图片和文字都表现出了强烈的黑白对比，但是为版面中的主题文字搭配了鲜明的黄色背景，鲜艳的有彩色的加入，使版面的表现更加突出，视觉效果更加强烈。

图 5-11

技巧　色调就是指以一种主色和其他颜色的组合、搭配所形成的画面色彩关系，即色彩总的倾向性，是多样与统一的具体体现。一般在画面上所占面积最大的色相从视觉上便成了主要色调。

5.1.4　不同色彩给人的心理影响

　　色彩有各种各样的心理效果和情感效果，会引起人们各种各样的感受和遐想，但是还是根据个人的视觉感、个人审美、个人经验、生活环境、性格等所定，不过通常的一些色彩，视觉效果还是比较明显的，例如看见绿色，会联想到树叶、草坪的形象；看见蓝色，会联想到海洋、水的形象。不管是看见某种色彩或是听见某种色彩名称的时候，心里就会自动地描绘出这种色彩给我们的感受，不管是开心、是悲伤、是回忆等，这就是色彩的心理反应。

- 红色给人热情、兴奋、勇气、危险的感觉。
- 橙色给人热情、勇气、活泼的感觉。
- 黄色给人温暖、快乐、轻松的感觉。
- 绿色给人健康、新鲜、和平的感觉。
- 青色给人清爽、寒冷、冷静的感觉。
- 蓝色给人孤立、认真、严肃、忧郁的感觉。
- 紫色给人高贵、雅致、忧郁的感觉。
- 黑色给人神秘、阴郁、不安的感觉。
- 白色给人纯洁、正义、平等的感觉。
- 灰色给人朴素、模糊、抑郁、犹豫的感觉。

　　以上这些对色彩的印象是指在大范围的人群中获得认同的结果，但并不代表所有人都会按照上述的说法产生完全相同的感受。根据不同的国家、地区、性别、年龄等因素的差异，即使是同一种色彩，也可能会有完全不同的解读。在设计时应该综合考虑多方面因素，避免造成误解。如图 5-12 所示为不同色彩的版式设计效果。

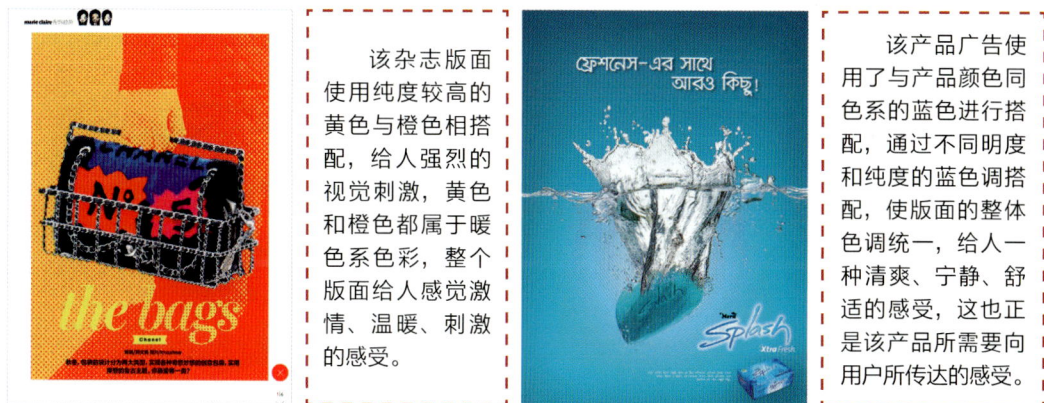

　　该杂志版面使用纯度较高的黄色与橙色相搭配，给人强烈的视觉刺激，黄色和橙色都属于暖色系色彩，整个版面给人感觉激情、温暖、刺激的感受。

　　该产品广告使用了与产品颜色同色系的蓝色进行搭配，通过不同明度和纯度的蓝色调搭配，使版面的整体色调统一，给人一种清爽、宁静、舒适的感受，这也正是该产品所需要向用户所传达的感受。

图 5-12

该宣传海报使用中性的灰色与热情的红色来分割版面，红色是一种热闹、富有激情的色彩，使用红色对版面进行倾斜分割，并且与人物衣服的颜色相呼应，使版面表现出很强的动感，在版面中还采用各种不同的红色三角形，以及文字的倾斜排版方式，都是为了使海报能够表现出激情、动感的效果。

绿色是一种温和、不刺激的色彩，在该网页版面中使用绿色作为版面的主色调，符合产品的定位，表现出产品的新鲜与自然，并且绿色可以使人精神放松、不易疲劳，整个网页的色彩搭配表现出自然、舒适的感觉，使人仿佛置身于清爽的大自然中。

图 5-12（续）

5.2　色彩在版式中的视觉识别性

要想使设计作品具有较高的识别性，通过优秀的色彩搭配给人留下深刻的第一印象是非常有效的方法。版面设计中的色彩与图形、文字紧密相关，合理的图文配色是版面设计成功的要素之一。

5.2.1　图形色彩的视觉表现

在版面设计过程中运用适当的、不同的色彩来表现版面中的图形，可以使图形的效果更加丰富，形式美感更强。图形的色彩也是图形语言的一个重要组成部分，色彩是直接影响图形设计成败的要素之一，色彩运用得巧妙得体，就能够充分体现图形的丰富多彩和装饰魅力，如图 5-13 所示。

提示　　在版面设计中，图形色彩的搭配强调归纳性、统一性和夸张性，尤其注意对图形整体色调的设定，需要能够更好地表现版面的整体视觉风格。

在该品牌宣传海报中，主要的图形是不同造型的时尚女性，运用代表女性和青春的桃红色作为版面的主色调，搭配简洁的品牌名称，整个版面给人一种纯粹、时尚的印象。

在该相机海报的设计中，使用浅灰色作为版面的背景色，在版面中心位置放置绿色的产品图片，有彩色与无彩色的对比，非常好地突出了产品的表现效果，版面左下角和下方的局部内容也使用了绿色的背景，与产品图片相呼应。

该家电宣传网页的版面设计中使用了多种高纯度的有彩色进行搭配，使版面表现出一种时尚、青春、新鲜的视觉效果。使用蓝色的天空和绿色的草地作为版面的背景，体现出大自然的特点，其他各种不同颜色的新鲜蔬菜水果则体现出产品的保鲜品质，高纯度的色彩搭配能够营造欢乐、活跃的氛围。

图 5-13

5.2.2　文字色彩的视觉表现

色彩对文字最明显的影响就是文字内容的可读性。白底黑字是最常用的搭配，黑白两种颜色的巨大差异保证了字符极高的辨识度。如果字符的色彩对阅读造成了负面影响，那么即使再美的色彩也是不可取的。如图 5-14 所示为版式设计中文字色彩的表现。

技巧　　鲜艳的色彩可以提升广告的注目性，因为人的视觉神经对色彩最为敏感，在现代平面设计中可以自由地寻找适合现代社会的色彩。借助于色彩的表现力，有助于创造出满足个性化需求的设计作品，因此色彩在平面设计中有着特殊的诉求力。

无论在什么情况下，都需要保证版面中文字内容的可读性。该杂志内页的版面设计中，使用了常规的纯白色背景，版面中的图片较多，因此文字都采用了默认的黑色文字，加上在版面中使用了线框对不同的内容进行分割，使得版面中的各部分内容非常清晰，文字内容也具有很好的可读性。

该杂志版面的背景是一张色调较暗的蓝色图片，为了使版面中的文字具有很好的可读性，在版面中使用黑色的矩形色块来衬托白色文字的显示，部分文字则使用了图片中的蓝色，形成呼应。而标题的大号文字使用呈对比效果的黄色，与背景图片形成强烈对比。

该时尚杂志封面使用无彩色的浅灰色作为版面背景，在版面中放置同样黑白色调的人物以及黑色的文字，而杂志名称则使用了橙色，在无彩色的版面中特别突出，也具有很好的可视性。

图 5-14

5.2.3　色彩对版面率的影响

版面率主要是由版面中的留白量来决定的，版面中留白越多，版面率越高，如图 5-15 所示；版面中留白越少，版面率越低，如图 5-16 所示。除此之外，色彩对版面率也有影响，例如在相同的版面中，白色的底色和红色的底色相比，白底的版面率要大于红底的版面率。因此，在版面中元素比较少显得空旷时，可以通过色彩的变化来调整版面率，从而使版面达到更加饱和的效果。

该画册跨页版面使用浅灰色作为版面的背景主色调，在版面中搭配黑白处理的人物图像以及简洁的文字说明内容，版面中运用了大量的留白，版面率较高。在版面中加入红色半透明矩形方块来活跃版面的氛围，整个版面给人一种空旷、简洁、时尚的感觉。

图 5-15

该杂志跨页版面的版面率较低，左侧页面使用分栏的方式将版面内容分为 4 栏，并且在每个分栏中通过不同的背景色块来区分不同的内容，右侧页面则采用比较自由的方式，打破规则的排版方式，使版面呈现自由、个性的感觉，整个跨页版面的内容比较丰满，但每部分内容都非常清晰、有条理。

图 5-16

5.2.4　通过色彩属性进行版式设计

版式设计中需要使用到不同的色彩属性来进行处理，色彩的色相、明度和纯度的表现之间存在着一些规律和差别。例如，以展示色相为主的内容，需要着重展现每一种色相的特点，常与较为分散的版面相搭配；而以明度差异的表现为主的内容，可以通过重复、叠加等编排方式来体现不同明度之间的对比效果；如果是以纯度差异的表现为主的内容，可以选择同一种色相，通过叠加等编排方式来展现出不同纯度之间细腻丰富的层次变化。需要注意的是，通常情况下的设计作品都不止通过一种色彩属性来表现，综合 3 种色彩属性的设计能够使版面的效果更加优秀，如图 5-17 所示。

在该网页版面设计中，使用绿色调作为版面的主色调，整个网页版面具有很强的整体感，通过绿色的明度和纯度变化使版面中的色彩呈现出丰富细腻的变化，模拟出真实丛林的视觉感，使浏览者仿佛置身于大自然的丛林当中。

图 5-17

5.3 产品属性决定版面配色

作为吸引消费者视线的第一视觉元素，产品的配色可以起到展现品牌形象和产品质量的双重作用，成为有效的促销手段。通过与众不同的配色来引起消费者的购买欲望是良好的促销办法。然而不同的产品有其各自的特点，如果一味地追求视觉冲击而忽略掉产品自身的特征，则会造成配色与产品属性完全不符的结果，引起消费者的误解甚至反感，进而对产品的销售形成负面的影响。因此，把握目标产品的属性特征是配色的关键。

5.3.1 消费群体决定版面配色

消费者的年龄、性别、职业、文化程度、经济状况等因素，都会影响其消费行为。而色彩是产品给消费者的第一印象，因此对色彩的选择，需要取决于产品所针对的消费群体，这样进行色彩设计才可以更容易抓住消费者的心理，并促进购买欲望，如图 5-18 所示。

该家具画册的版面设计并没有针对特定的群体，而是面向所有普通消费者，所以在版面设计上使用了浅灰色这种中性的色彩作为版面的背景主色调，尽量展现家具产品本身的形态和色彩作为表现的重点，在排版设计中则采用比较自由的排版方式，体现出时尚、个性的风格。

图 5-18

合理使用色彩可以达到良好的宣传作用，并且也能树立良好的品牌形象。产品的合理配色可以对消费者产生情感互动，从而带动消费行为。

5.3.2 产品导入期的色彩搭配

新的产品上市，还未被一般的消费者所认知，为了加强宣传的效果，增加消费者的记忆度，需要以单色的色彩作为设计主色，尽量使用色彩艳丽一些的色调，以不模糊产品的诉求为重点，达到产品的宣传效果，如图 5-19 所示。

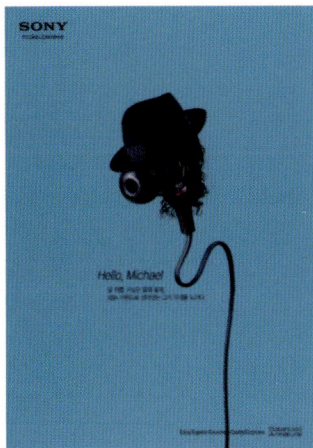

该耳机产品的宣传广告版面设计非常简洁，使用纯度较低的蓝色作为版面的背景主色调，在版面中通过拟人的设计手法将耳机产品处理成著名歌手形象，表现效果非常突出。

该水果饮料广告版面使用与产品包装颜色相近的黄橙色渐变作为版面的背景主色调，保持广告与产品包装色调的统一，鲜艳的黄橙色能够给人欢乐、愉悦、美味的感受。

图 5-19

5.3.3　产品发展期的色彩搭配

在发展期阶段，消费者已经对产品有了一定的认识，产品开始在市场上有了一定的占有率。为了与同性质的竞争者有所区分，产品的色彩也必须和对手有所差异，这时就必须以比较鲜明、鲜艳的色彩作为设计的重点，如图 5-20 所示。

该女性化妆品广告使用明度和纯度较高的蓝色作为版面的主色调，与其他化妆品广告相区别，突出表现产品能够给用户带来的清新、自然、舒适的感受。

该饮料广告富有创意地使用无彩色系的浅灰色作为版面的主色调，而只在版面的局部小面积点缀鲜艳的橙色，使得版面的对比效果非常强烈，给人留下深刻印象。

图 5-20

该饮料宣传网页版面使用鲜艳的蓝色作为网页的主色调，搭配高纯度的绿色，使整个网页版面表现出清新、自然的氛围，在网页局部还使用了黄色，与产品本身的色彩相呼应，整个页面的色彩鲜明、活跃，给人愉悦的视觉感受。

图 5-20（续）

5.3.4　产品成熟期的色彩搭配

当产品进入成熟期后，消费者已经非常熟悉该产品，稳定和维持顾客对商品的信赖就变得更为重要，所以在设计中使用的色彩必须是让消费者感到安心，与产品概念相符的色彩，如图 5-21 所示。

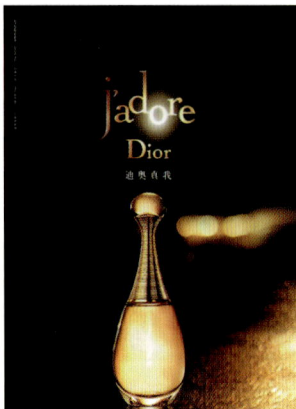

该知名品牌香水广告使用黑色作为版面的背景主色调，突出表现产品的高档感，在版面的局部搭配黄色，并且使用黄色的主题文字，与产品的色调相统一，给人一种高档、大气的感受。

该知名饮料广告使用了产品一贯的红色作为版面的背景主色调，采用简洁的设计风格，在版面中搭配产品造型的图片和纯白色文字，有效地加深了该品牌在消费者心目中的印象。

图 5-21

5.3.5　产品衰退期的色彩搭配

产品到了衰退期，销售量会逐渐下降，消费者已经对产品不再有新鲜感，随着其他产品的更新，更流行的商品出现，消费者也会慢慢开始转向。这时候要维持消费者对产品的新鲜感，便是最大的重点。因此，所采用的颜色必须是具有新意义的独特色彩或流行色，进行一个整体的更新，这样才能使产品的销售量提高，如图 5-22 所示。

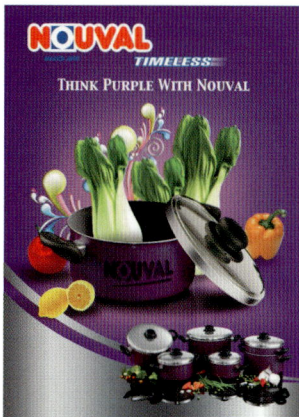

该厨房用品广告版面创意性地使用了紫色作为版面的主色调，紫色能够表现出神秘、优雅等印象，紫色的应用更好地吸引了读者的好奇和关注。

该冰淇淋广告版面使用玫红色作为版面的背景主色调，玫红色是一种非常女性化的色彩，在这里为冰淇淋广告使用玫红色的主色调，能够表现出产品为用户带来的美好以及初恋般的感觉。

该啤酒宣传网页版面使用鲜艳的黄绿色和绿色相搭配，强调产品绿色、自然、健康的印象，整个网页版面的色调和谐、统一，希望能够在消费者心目中重塑该产品的形象。

图 5-22

5.4　使用色彩突出设计主题

在版面设计中，色彩的搭配与设计的主题息息相关，良好的色彩搭配可以使读者在第一眼就能大致感受到设计主题所要表现的氛围和感觉。

5.4.1　使用正确的色彩传达版面主题

展现设计主题的元素除了主要的图形和文字之外，色彩也是重要的元素。在图文都符合主题的情况下，如果色彩搭配出现了错误，就无法正确传达版面的信息，如图 5-23 所示。

该画册的内页版面设计以美食为主题，但低纯度的浊色调给人灰暗、陈旧、不新鲜的感觉，完全没有体现出美食的新鲜、诱人的色泽，无法令读者感受到食物的美味。

将该画册页面版面的色调调整为鲜艳明亮的色调，美食的新鲜程度和美味的感觉就立刻展现了出来，整个版面令人感受到美食所带来的满足感和愉悦感，给读者诱惑的感觉。

该网页促销海报的主题是圣诞节的优惠促销活动，然而使用蓝色作为版面的主体色调丝毫无法让人感受到节日的氛围，反而使整体氛围显得非常冷清。

将该促销海报的蓝色调修改为代表圣诞节欢乐气氛的红色，表现出热情、温暖的感觉，并配合白色的主题文字以及红色的圣诞帽等，表现出圣诞节那种令人欢心雀跃的气氛。

图 5-23

5.4.2　色彩与主题的搭配

　　版面设计中的色彩应该与设计的主题相配合，以烘托出版面所营造的氛围，强化设计所要传达的信息，令读者产生心理上的共鸣，从而达到成功宣传的目的，如图 5-24 所示。

这是一种苹果口味饮料的广告版面设计，主要是要展现该饮料的口味以及清新爽口的特点，因此版面使用浅绿色作为主色调，搭配少量的白色和黄色，表现出透气、清爽的感觉。

该巧克力饼干广告，使用咖啡色作为主色调，体现出巧克力饼干的浓香，以及带给人的丝滑感受，深化了主题。

该杂志版面使用蓝色和白色垂直分割版面，配合黑色和白色的主题文字，符合女性中性化装扮的主题，给人利落、帅气和酷酷的感觉，与版面所要表现的主题相符。

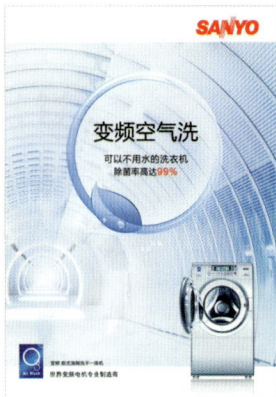

该洗衣机海报使用明亮的浅蓝色调作为版面的主色调，体现出洗衣机的高端品质和科技感主题。

图 5-24

5.5　色彩在不同版面中的应用

在不同的版式设计中，色彩的应用会有一些差异。例如由于传播媒介的不同，即使是同类的产品，也可能会在色彩的配置上出现不同的表现。

5.5.1　根据媒体选择不同的色彩搭配

不同的传播媒介之间存在着版面结构的差异，同时也存在着色彩使用的差异。例如，常规的书籍，其内容是以文字为主的，因此版面中的色彩不可以太过花哨，否则会影响正常的阅读；而时尚杂志内容丰富，信息量大，则需要较为丰富的色彩来进行配合，否则会使版面看起来过于单调、乏味。如图 5-25 所示为根据媒体选择不同的色彩搭配。

网页设计中的色彩分布通常有较为明确的区分，从而保证浏览页面时能够快速准确地区分不同的内容。在该网页版式中使用蓝色作为版面的主色调，表现出清爽、舒适的感受，在版面中为各种不同的产品标题使用不同的鲜艳色彩进行区分，很好地划分了版面中不同产品的介绍内容，也使版面表现出欢乐的氛围。

DM宣传页的色彩运用关键在于，主要的色彩会在每个页面中都出现，从而保证整体的统一感。在该DM三折页的版式设计中，使用浅灰色作为版面的背景主色调，在折页的各个页面中都运用了橙色，无论是背景、色块还是文字的颜色，这样就保证了整体色调的统一性。

海报的版面配色通常比较具有整体感，颜色的分布不会太过分散。在该洗发水的海报版面中使用浅蓝色作为版面的背景主色调，给人一种清凉、舒爽的感受。在版面底部搭配深蓝色的弧状曲线图形，并且版面中的部分文字同样使用了深蓝色，与底部的图形形成呼应，整个版面色调统一。

图 5-25

5.5.2　色彩在版面中的导向性

色彩除了丰富版面、传达主题等作用之外，还具备引导视觉流程的作用。在版面设计中，通过对色彩的位置、方向、形态等特征的安排，使色彩具备了指引的作用，也使得版面的视觉流程更加清晰、流畅。这样一来，重点的内容就更容易引起读者注意。如图 5-26 所示为色彩在版面中导向性的应用。

在该网页版式设计中，每段文字内容的标题文字都使用了与顶部广告相同的橙色，并且为各部分内容明确划分了相应的区域，对读者进行提示，引导读者从左至右阅读文字信息内容。

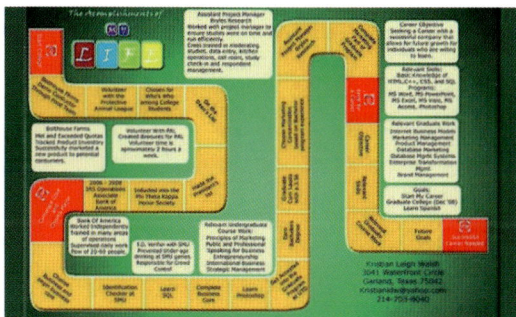

在该版式设计中使用了红色、橙色、浅黄色和绿色 4 种颜色作为主要的版面配色，其中橙色的色块连接成一条曲线，引导读者按照路径所指引的方向来阅读版面中的内容，避免了内容过多过细而造成阅读顺序的混乱。

图 5-26

5.6　使用色彩表现版面的空间感

色彩是表现版面空间感的重要元素，色彩与色彩之间的属性差别和色调差别，形成了版面中丰富的层次感以及空间感，令版面更具有表现力。

5.6.1　冷暖色系表现版面空间感

单纯的冷色系色彩搭配或暖色系色彩搭配，能够给读者非常明确的冷暖心理感受。这不仅使版面的主题印象更加明显，也可以表现出版面的空间感，主要是利用暖色或冷色之间的色相、明度、纯度等方面，通过并置、叠加等编排方式来实现。如图 5-27 所示为使用冷暖色系来表现版面的空间感。

该杂志封面的版式设计属于冷色系配色，主要通过不同蓝色之间微妙的色相差异和明度、纯度之间的对比关系来体现版面的空间感。

该啤酒产品广告的版式设计属于暖色系配色，主要是通过黄色与红橙色之间的色相、明度和面积差异，并运用了叠加等方法，使版面表现出较好的空间感。

该电子杂志版面的设计属于冷色系配色，主要是通过不同明度和纯度的蓝色的变化来表现出版面的空间感。

该杂志版面属于暖色系配色，主要通过棕红色、浅黄色之间明度的变换，使版面具有一定的空间感。

图 5-27

5.6.2 同类色表现版面空间感

同类色主要是指在同一色相中呈现出的不同颜色，其主要的色彩倾向都比较接近。例如，红色类中有深红、紫红、玫瑰红、大红、粉红、朱红等种类。同类色的色相之间差距较小，可以运用色彩明度的差别，使用低明度色彩表现远景，高明度色彩表现近景，形成远近空间感；也可以利用色彩的前进和后退感，用高纯度的色彩表现近景，用低纯度色彩表现远景，以营造版面的空间层次感。如图 5-28 所示为使用同类色进行配色的版式设计。

该手机海报版式设计是以紫色为主的同类色进行配色，主要使用了浅紫色、粉紫色、蓝紫色、深紫色等色彩之间的明度差以及微妙的色相差，将色彩进行重叠编排，从而体现出版面丰富的层次感和空间感，从而更好地突出手机产品的表现效果。

该纯净水广告使用蓝色作为版面的主体色调，通过蓝色的同类色进行搭配，主要使用浅蓝色和深蓝色之间的明度差和纯度差来体现版面的空间感，使整个广告版面呈现出统一而富有变化的视觉效果。

图 5-28

5.6.3　对比色相表现版面空间感

在版式设计中运用对比色相的方法来表现空间感，可以使用更加灵活的处理方法。通过对比色相之间的冷暖、明度、面积、形态等方面的差异，形成前进、后退、重叠等视觉效果，使版面具有丰富的层次感和空间感。同时，色相之间差异效果的对比，要比同类色等较为类似的色彩搭配更具变化感，版面效果更加生动。如图 5-29 所示为使用对比色进行配色的版式设计。

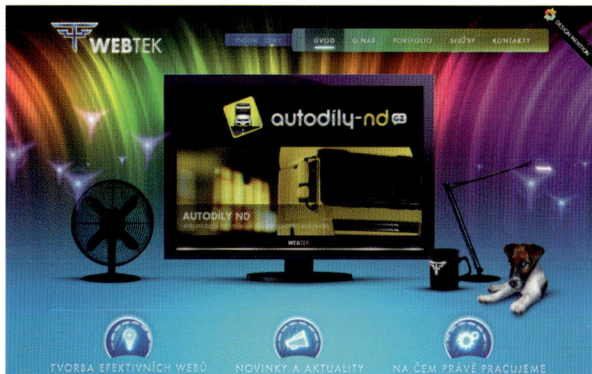

在该网页的版式设计中使用了较多的色彩进行搭配，但毫不杂乱。将较为鲜艳的多种色彩全部集中放置在页面的上半部分，而下半部分则使用了纯度较高的蓝色，上下两部分形成了明显的视觉层次和空间感。

图 5-29

在该产品宣传画册的跨页版式设计中，色相的对比效果更为明显。左侧页面与右侧页面原本为同一场景，而设计者将左侧页面与右侧页面中的产品分别使用强对比的蓝色调和红色调进行处理，使页面产生强烈的色相对比效果，有效地突出了产品的表现以及整个版面的空间感。

图 5-29(续)

5.7 使用色彩突出版面的对比效果

缺乏对比的版式设计容易给人单调、乏味的印象，适当的对比可以活跃版面。利用色彩搭配表现版面的对比效果是其中一种重要的方式。

5.7.1 利用色彩突出版面中的重要信息

运用色彩对比可以对版面中的重要信息进行突出显示，令读者能够快速准确地将目光定位在重点的内容上，达到有效传达信息的作用。主要利用色彩之间的色相、明度、纯度和色调之间的差异性来表现，这是色彩设计中十分常见的表现手法。如图 5-30 所示为利用色彩突出版面中重要信息的表现方式。

在该网页版式设计中，使用蓝色作为页面的背景主色调，整体给人感觉清爽、自然，版面中的广告标语则使用了与蓝色形成鲜明对比的红色背景和黄色文字，广告标语在版面中的显示效果十分醒目，强烈的色彩对比使得广告语在页面中十分引人注目。

图 5-30

在该杂志版面的设计中，版面中的满版背景图片属于纯度和明度都比较低的暗色调，将版面中的重要信息设置为鲜艳的黄色，不但十分突出，还为平淡的整体版面添加了活力，给人时尚的感觉。

在该杂志版面的设计中，使用蓝色作为背景，为了丰富版面的表现形式以及突出主题重点的表现，将主题中的重点文字设置为橙色，并且占据版面较大的面积，与背景形成对比，并且主题的不规则编排，都强化了版面主题的表现。

图 5-30(续)

5.7.2　利用色彩突出版面主体

为了突出版面中的主体元素，常常通过将其放置在版面的重心位置，并放大其面积，以及在主体元素周围大面积留白等编排方式来达到目的。除了上述的这些方法，利用版面色彩之间的对比来突出主体也是一种经常使用的有效方法。主要通过不同色彩之间的色相、明度、纯度和色调之间的差异来表现。如图 5-31 所示为利用色彩突出版面中的主体。

在该产品宣传网页中，主体对象是位于版面中的饮料产品，主体对象的色相比较丰富，主要表现为黄色、蓝色和红色。为了能够突出版面中主体产品的表现效果，页面背景使用了无彩色的灰色作对比，有彩色与无彩色的对比，突出表现了版面中的主体产品。

图 5-31

在该杂志广告版式设计中同样是使用无彩色与有彩色进行对比，使用浅灰色作为版面背景主色调，在版面中间位置放置浅黄色的产品，虽然版面的对比效果并不是很强烈，但这正是产品所要表现的温馨、优雅的感受。

在该饮料海报的版式设计中，使用浅蓝色和绿色作为版面的背景色调，突出表现清爽、自然的感受，而在版面中间位置放置红色包装的产品图片，与背景形成对比，既深化了主题，也突出了产品的表现。

图 5-31（续）

5.7.3　利用主次色调强调版面的节奏感

版式设计中通常会以一种色调作为主要的色调，但如果所有的元素都只使用一种色调来表现，就很容易给人沉闷、单一、平淡的感觉。因此，除了主色调之外，往往还会有一种次要的辅助色调，从而形成版面中的色彩对比，使得版面整体富有变化、节奏感和生动感，同时还能起到突出主体的作用。如图 5-32 所示为利用主次色调强调版面的节奏感。

该海报的版式设计以黑暗的色调为主，为了避免沉重，将版面中的重点内容处理成鲜艳明亮的色调，突出了主题的表现，并且使版面具有了很强烈的视觉冲击力，更能感染受众。

图 5-32

该宣传画册的跨页版面使用满版的背景图片作为版面的背景，背景图片属于纯度很低的浊色调，整个版面给人比较低调的感觉，这样的色调容易造成过于平淡死板的印象，因此在版面中为相应的文字设置为鲜艳的橙色调，使版面出现一些亮色，打破了沉默。

在该汽车海报的版式设计中，运用了两种色调，作为主体的汽车使用了非常鲜艳的蓝色调，成为版面中的重点，而版面中的其他元素都使用了比较浑浊的色调，与主体色调形成强烈的对比，令主体图形的表现更加突出。

图 5-32(续)

第6章

卡片的版式设计

在当今社会中，卡片作为一种基本的交际工具在商业活动甚至日常生活中被人们广泛使用。卡片的种类有很多，最常见的就是名片和各种会员卡。卡片作为个人或企业的形象代表，除了需要用简要的方式向受众介绍个人或企业服务之外，还需要通过独特的设计和清晰的思路来达到宣传的目的。

本章将向读者介绍卡片版式设计的相关知识和内容，并通过商业案例的分析讲解，使读者能够更加深入地理解卡片的版式设计方法和技巧。

LAYOUT DESIGN

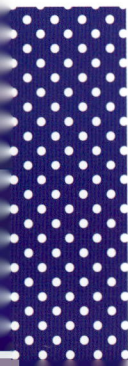

6.1　卡片版式设计概述

　　卡片设计不同于一般的平面设计，大多数平面设计的幅面较大，给设计师以足够的表现空间；卡片则不然，它只有小小的幅面设计空间，所以这就要求设计师在保证信息内容完整的前提下也要考虑美观度的问题。

6.1.1　卡片的常用尺寸

　　按照卡片的外形尺寸，可以分为标准卡片，标准卡片的尺寸为 90mm×54mm（方角）、85mm×54mm（圆角）；窄形卡片，窄形卡片的尺寸为 90mm×50mm 和 90mm×45mm；折叠卡片，折叠卡片的尺寸为 90mm×95mm 和 145mm×50mm；异形卡片，异形卡片的尺寸则没有严格的规定，其中最常见的是标准卡片。如图 6-1 所示为标准卡片和折叠卡片的效果。

图 6-1

提示　　为了保证卡片印刷成品的质量，在软件中设计卡片时需要为卡片的四边各预留 2mm 至 3mm 的出血区域，以便印刷后的裁切操作。

6.1.2　卡片的设计流程

　　卡片作为一个人、一种职业的独立媒体，在设计上要讲究其艺术性，但它同艺术作品又有明显的区别，卡片在大多数情况下不会引起人的专注和追求。卡片最重要的作用是便于记忆，具有更强的识别性，让人在最短的时间内获得所需要的信息。卡片的设计必须做到文字简明扼要、字体层次分明、设计感强、风格新颖，如图 6-2 所示为设计出色的不同类型卡片。

图 6-2

1. 了解卡片信息

(1) 了解名片持有者的身份、职业。

(2) 了解名片持有者的所属单位及其性质、职能。

(3) 了解名片持有者及所属单位的业务范畴。

(4) 如果是非名片之外的其他卡片，则需要了解该卡片的主要用途。

2. 独特的构思

独特的构思来源于对设计的合理定位，对名片的持有者及单位的全面了解。一个好的名片构思经得起以下几个方面的考核。

(1) 是否具有视觉冲击力和可识别性。

(2) 是否符合媒介主体的工作性质和身份。

(3) 是否新颖、独特。

(4) 是否符合持有人的业务特性。

3. 设计定位

根据前面所述的几个方面来确定卡片设计的构图、字体、色彩等。

6.2 卡片版式的编排特点

卡片设计的版式有别于其他平面设计作品的编排，根据卡片的尺寸、外形以及内容的特征，版面编排一般采用简洁、大方的模式。

6.2.1 卡片的构成元素

卡片设计的构成元素是指构成卡片的各种素材，一般包括 Logo、装饰图案和文字等，可以将这些构成元素大致分为两大类：造型构成元素和方案构成元素，如图 6-3 所示。

企业 Logo 与名称 —

持有者信息 —

— 轮廓

— 辅助图案

图 6-3

1. 造型构成元素

轮廓：卡片的形状，大多数卡片都是矩形或圆角矩形的，也会有各种追求个性的异形卡片。

标志：企业 Logo 或使用图案与文字设计并注册的商标。

图案：形成卡片特有风格和结构的各种辅助图形、色块与素材。

2. 方案构成元素

(1) 名片持有者的姓名和职务。

(2) 名片持有者的单位及地址。

(3) 其他各种类型卡片的名称。

(4) 通信方式。

(5) 业务领域或服务范围等信息。

6.2.2　卡片版式的构图方式

卡片的构图通常有横版构图、竖版构图、稳定构图、长方形构图、椭圆形构图、半圆形构图、三角形构图、标志文案左右对分构图、斜置构图、轴线构图、中轴线构图、不对称轴线构图等多种方式。如图 6-4 所示为采用竖版构图和半圆形构图的卡片。

6.2.3　卡片的视觉流程

一个好的卡片设计，需要符合合理的视觉流程，合理的视觉流程应该具有以下两个特点。

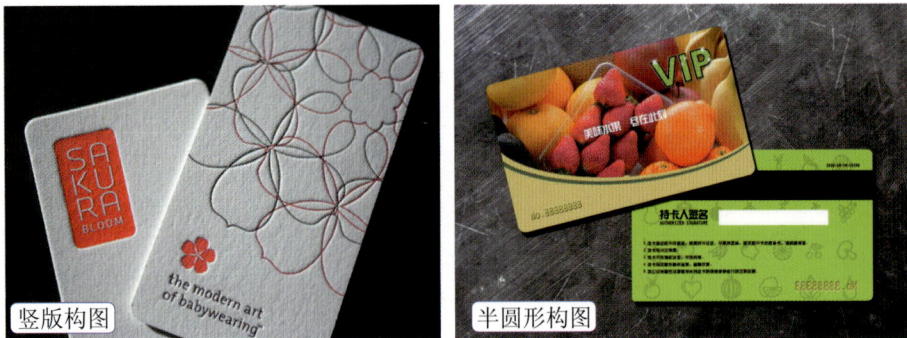

竖版构图　　半圆形构图

图 6-4

1. 主题突出

画面中的视觉中心往往是对比最强的地方，要增强画面的对比，就要把握这样几个方面：面积对比、纯度对比、明度对比、色相对比、补色对比、动静对比、具象与抽象对比等，并且通过阅读习惯来确定主题的位置。

2. 视觉流程明确，层次分明

卡片的视觉流程顺序受视觉的主从关系影响，通常卡片的视觉中心是卡片的主题，其次是主题的辅助说明，最后是标志和图案。如果是横版构图，人的视线是左右流动的；如果是竖版构图，人的视线就是上下流动的。如图 6-5 所示为设计出色的卡片效果。

图 6-5

6.2.4　卡片版式的设计要求

卡片设计的基本要求应该强调三个字：简、功、易。

简：卡片传递的主要信息要简明清晰，构图完整明了。

功：注意质量、功效，尽可能使所传递的信息明确。

易：便于记忆，易于识别。

除了以上 3 点基本要求之外，还可以在以下几个方面对卡片设计提出要求。

1. 设计简洁、突出重点信息

卡片最重要的信息就是上面的文字信息，用户可以通过这些文字了解到个人和企业的相关信息内容，以及如何与卡片的主人取得联系。使用简洁的设计风格可以最大程度突出这些文字信息内容，让别人能够更快地记住卡片中的信息。

在卡片设计中可以使用大量的留白来体现这种简洁，但留白不一定是纯白色。此外还要注意文字和背景的对比应该足够大，还可以把文字设计得更漂亮、更醒目一些。如图 6-6 所示为一些设计简洁的卡片。

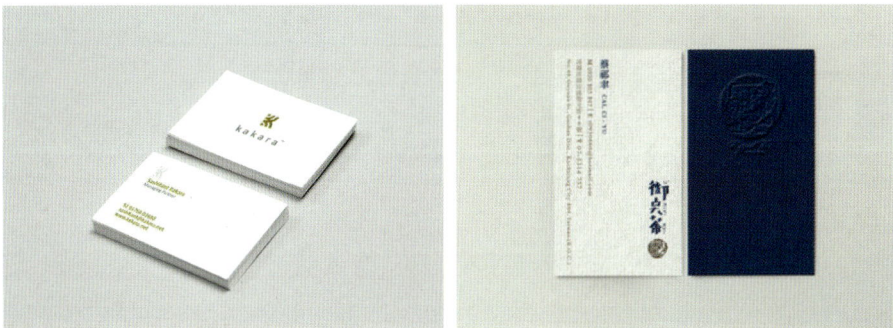

图 6-6

2. 个性、与众不同

如果要做到与众不同，首先必须要做好定位，卡片的风格要与公司或持有者的形象、职务、业务领域相协调。其次，还要设计得独特有趣一些，例如可以将卡片设计成不规则的形状，或者设计成折叠式的，从而给人留下深刻的印象。如图 6-7 所示为一些富有个性的卡片。

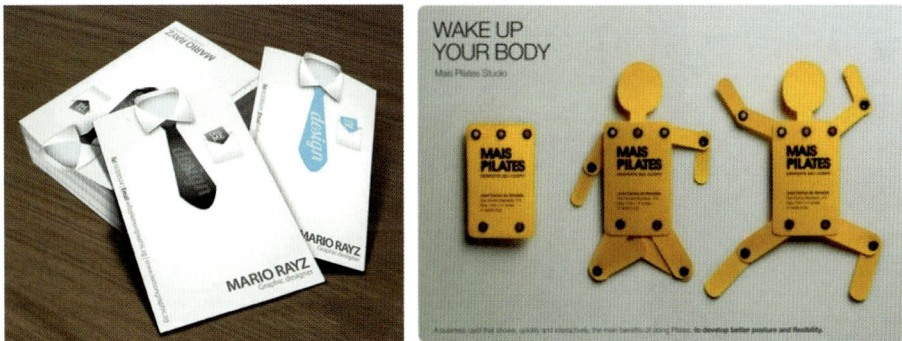

图 6-7

3. 体现趣味和时尚性

　　一张构思精妙、细节完善的卡片会给持有者增色不少，能够给客户留下深刻的印象，吸引用户的注意力。现在很流行将名片设计成为与自己职业有关的物体，例如厨师的刀叉、理发师的梳子、歌手的麦克风等，这样的设计会使得卡片紧跟时代潮流，具有很强的趣味性。如图 6-8 所示为一些有趣、时尚的卡片。

图 6-8

4. 多使用色彩和图像

　　卡片有正反两面，可以将一面设计得丰富多彩一些，多使用一些色彩、图像和图形，另一面设计得简洁一些，用于传递信息，这样就可以保证卡片既有较强的视觉吸引力，又非常实用，如图 6-9 所示。

图 6-9

6.3　企业名片的版式设计

　　名片设计以直观、简洁为主，从而突出名片中的信息内容，可以使用纯色作为名片版面的背景，也可以使用一些辅助性的背景纹理图案来突出版面的整体视觉表现效果，重点还是需要表现出直观、大方的整体视觉效果。

6.3.1　项目分析

本案例设计的是一款房地产企业名片，在名片背景的处理中使用三角形的拼接组成一种富有现代感的几何背景纹理，名片中的内容左右放置，左侧为企业 Logo、名称和宣传口号，右侧为持有人的相关信息，中间以竖线分割，合理的文字布局不仅使整个名片内容的表现更加完整，而且能够更好地突出企业的形象。本案例所设计的企业名片的最终效果如图 6-10 所示。

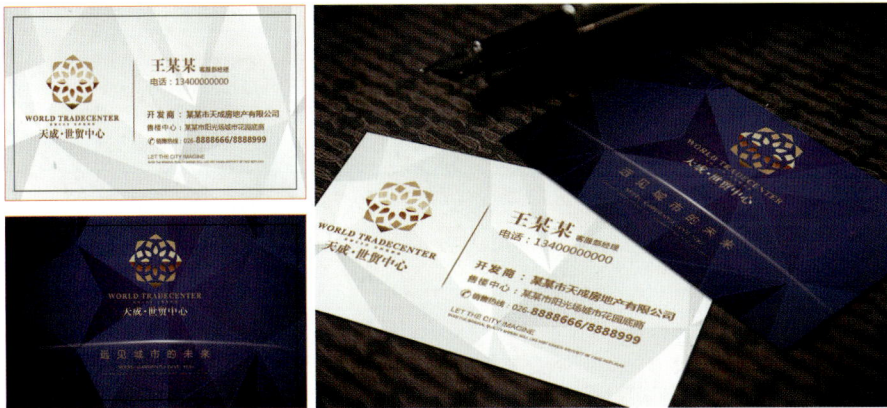

图 6-10

一般情况下，名片设计中所使用到的素材以简洁为主，不会特别复杂，在本案例中所使用到的素材主要是企业 Logo 标志和背景中的三角形背景纹理，Logo 标志主要用于体现企业品牌和形象，三角形背景纹理是辅助素材，主要是为了丰富名片版面的整体表现效果，使名片的表现效果更加富有现代感。本案例设计的企业名片所使用的素材如图 6-11 所示。

图 6-11

6.3.2　配色分析

　　本案例所设计的房地产企业名片的正面和背景使用了不同的主色调，名片正面使用接近白色的浅灰色作为版面的背景主色调，浅灰色能够给人一种纯净、简洁和高档的感觉，在浅灰色的背景中搭配棕色的文字，体现出一种高档和华贵的气质。名片背景使用深蓝色作为主色调，同样搭配棕色的文字，显得沉稳、大气。正面和背景使用不同的色彩，能够很好地进行区分，给人带来不同的视觉效果。

RGB(246、246、246)　　　RGB(149、99、61)　　　RGB(18、41、80)
CMYK(4、3、3、0)　　　　CMYK(47、66、82、6)　　CMYK(100、94、53、24)

6.3.3　设计思路

　　❶ 房地产企业属于比较严肃、正统的企业，因此在创建设计文档时需要按标准的名片尺寸90mm×54mm 进行创建，并且需要为四边各预留 3mm 的出血区域，如图 6-12 所示。

　　❷ 为了使名片版面的表现更加丰富，我们为该名片背景应用比较富有现代感的几何形状纹理，这样的纹理背景可以从网络中下载，也可以在设计软件中进行绘制，如图 6-13 所示。

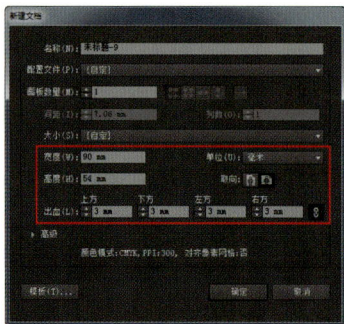 

图 6-12　　　　　　　　　　　　　　　　　　　图 6-13

　　❸ 该名片版面使用左右水平构图方式，左侧放置企业的 Logo 与名称，可以在版面中占据较大的位置，突出表现企业的形象，加深受众对企业的印象，如图 6-14 所示。

　　❹ 右侧使用常规字体安排名片持有者的相关信息内容，根据信息内容的重要程度，使用不同的字体大小和粗细进行表现，注意右侧文字的对齐，中间使用分割线进行版面信息内容的划分，如图 6-15所示。

图 6-14

图 6-15

提示

　　在 Illustrator 软件的"新建文档"对话框中可以直接为文档设置出血区域的大小，在新建的文档中可以看出，红色线框与黑色线框之间的为出血区域，在最终印刷成品时，该部分区域将会被裁切掉，黑色线框内的区域才是成品的大小。

❺ 名片背景效果应该另外新建一个文档进行制作，并且该文档的设置应该与名片正面文档的设置完全相同。为了使名片背景与正面有所区别，将名片背景设计为深蓝色的几何图案背景，与名片正面区别，同时又保持了风格的统一，如图 6-16 所示。

❻ 在名片背景中主要放置企业 Logo、名称以及宣传口号，突出地表现企业的品牌形象和经营理念，如图 6-17 所示。

图 6-16

图 6-17

6.3.4　对比分析

　　企业名片的版式设计需要考虑整体的布局，突出名片中需要表达的重点内容，画面中所有的元素都应该以此为基准进行考虑和设计，体现出与企业文化信息相符的气质。

设计初稿 ⟫

① 将名片的正面背景填充为纯色，整个名片背景非常简洁，但过于单调，体现不出层次感。

② 将名片中的持有者信息使用相同的字体和字体大小进行展示，不能有效突出重点信息，缺乏文字之间的层次感。

③ 名片反面的背景使用蓝色到深蓝色的渐变，与正面背景相同，过于单调。

④ 企业 Logo 和名称与下方的经营理念文字之间缺少分隔，版面信息层次不够分明。

最终效果 ⟫

① 将名片正面的背景使用几何形状图案进行填充，使名片背景具有很强的层次感和现代感，也不会影响版面信息的显示效果。

② 将名片中的持有者信息的文字内容使用不同的字体、字号和字体粗细进行设置，有效突出重点信息，并且文字之间具有一定的层次感。

③ 名片反面的背景同样使用几何形状图案填充，与名片正面背景保持相同的风格。

④ 在企业 Logo 和名称与下方的经营理念之间使用弧状图形分隔，素材的视觉效果仿佛天际线，与经营理念相吻合。

6.4　会员卡的版式设计

会员卡是一种企业形象和文化宣传的重要形式，在商业发达的市场经济社会中已经是不可或缺的一种宣传潮流。会员卡的版式设计与名片的版式设计非常相似，需要在小小的版面空间中充分体现出该会员卡的核心主题。

6.4.1　项目分析

本案例设计的是一款红酒店铺的会员卡，该会员卡的设计简洁，主题鲜明突出。使用纯白色作为会员卡版面的背景，版面采用上下构图方式进行设计，在上部居中位置放置品牌 Logo 和主题文字，并为主题文字添加欧式花纹进行点缀，显得精致而简约。底部则绘制酒瓶形状图形并结合葡萄图案和品牌英文名称，富有创意的图形与文字组合，很好地突出了该会员卡的主题以及店铺的主营范围，具有很好的识别效果。本案例所设计的企业名片的最终效果如图 6-18 所示。

该会员卡的素材由两部分组成，根据该会员卡的行业产品特点，在设计过程中通常需要体现出红酒的特点，在这里使用了酒瓶形状图形和葡萄素材，明确地表现出该会员卡的店铺特点和主营产品，非常直观。同时在该会员卡中还运用了品牌 Logo 素材，从而有效地加深消费者对该品牌的印象。本案例设计的会员卡所使用的素材如图 6-19 所示。

图 6-18

图 6-19

6.4.2　配色分析

　　本案例所设计的会员卡使用白色作为版面的背景主色调，体现出卡片的高档与纯净之美，在版面中使用紫色作为主体图形和文字的主色调，与产品的色调相近，图形与色彩的结合应用，能够更好地体现出产品的特点，并且紫色能够给人高贵、神秘和柔美的感觉，整个会员卡的色彩搭配简洁、柔美，给人高档的视觉感受。

RGB(255、255、255)
CMYK(0、0、0、0)

RGB(150、0、81)
CMYK(26、100、30、30)

RGB(190、66、146)
CMYK(26、84、0、0)

6.4.3　设计思路

❶ 该会员卡采用标准的卡片尺寸 85mm×54mm(圆角)，在设计时还是按照常规的矩形效果进行设计，并且需要为四边各预留 3mm 的出血区域，如图 6-20 所示。

❷ 该会员卡为纯白色背景，非常简洁，在版面中心位置放置品牌 Logo 标志和宣传语，通常情况下客户都会提供品牌Logo标志图形,使用欧式花纹作为辅助图形,使版面的表现更加精致,如图6-21所示。

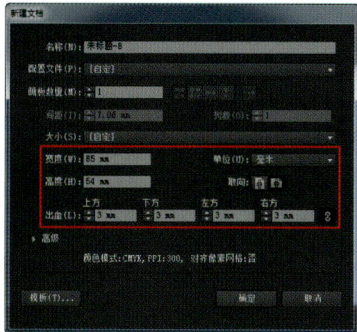

图 6-20

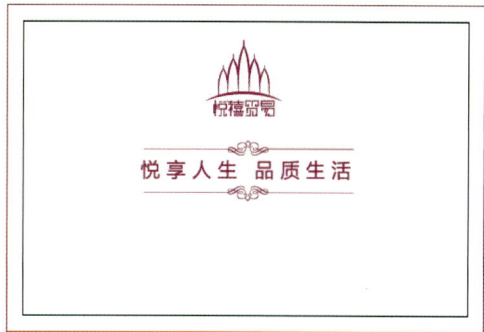

图 6-21

❸ 为了配合会员卡主题的表现，在版面底部绘制主体图形，将酒瓶图形与葡萄素材相结合，并且使用与红酒近似的紫红色进行搭配，使会员卡与产品融合在一起，如图 6-22 所示。

❹ 在底部主体图形中添加该品牌英文名，称，并使用白色图形对主体图形进行分割，突出品牌文字的表现，加深消费者对品牌的认知和印象，如图 6-23 所示。

图 6-22

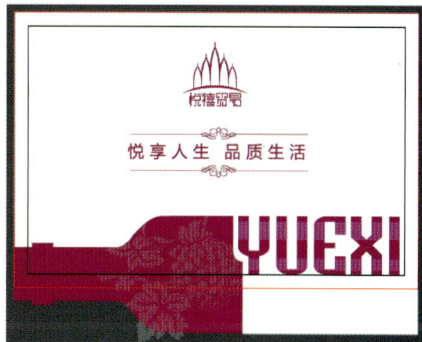

图 6-23

❺ 将画布以外的图形隐藏，使版面的表现效果完整，添加其他辅助文字。注意，因为该会员卡最终成品是圆角效果，所以还需要为其制作圆角矩形模切形状，如图 6-24 所示。

图 6-24

技巧 只要最终成品不是矩形形状的都属于异形印刷品，对于异形印刷品都需要制作模切形状，这样印刷厂才清楚最终成品的效果。此处所制作的会员卡最终成品是圆角矩形的形状，可以在文档中沿黑色的文档线绘制与文档大小相同的圆角矩形框，将该圆角矩形框水平移至画布以外即可。

❻ 会员卡背面效果应该另外新建一个文档进行制作，并且该文档的设置应该与会员卡正面文档的设置完全相同。在会员卡背面通常会根据客户的要求放置一些会员卡使用说明以及联系电话等内容，注意内容排版的简洁、整齐即可，如图 6-25 所示。

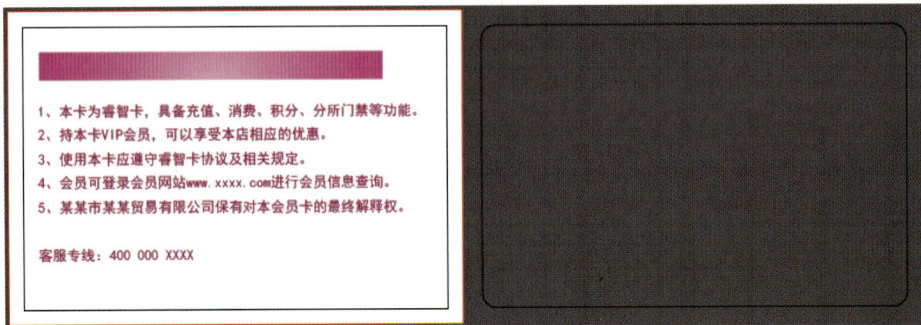

图 6-25

6.4.4 对比分析

　　随着社会的发展，各行各业都会推出会员卡，会员卡已经成为一种企业形象宣传的重要方式。会员卡的设计应该以简洁为主，需要能够突出表现行业或产品的特点，通过流畅的视觉流程来吸引消费者。

设计初稿 >>>

① 将品牌 Logo 采用传统方式放置在版面的左上角，但整体排版混乱。

② 在版面上方放置宣传语，没有任何装饰，显得单调。

③ 将卡片中的 VIP 文字使用金黄色的渐变颜色表现，效果突出，但与版面整体风格不协调。

④ 将主体图形倾斜放置，版面中其他元素均为水平放置，整体不协调。

⑤ 卡片背面使用紫色渐变背景颜色，与卡片正面形成反差，整体效果不统一。

最终效果 >>>

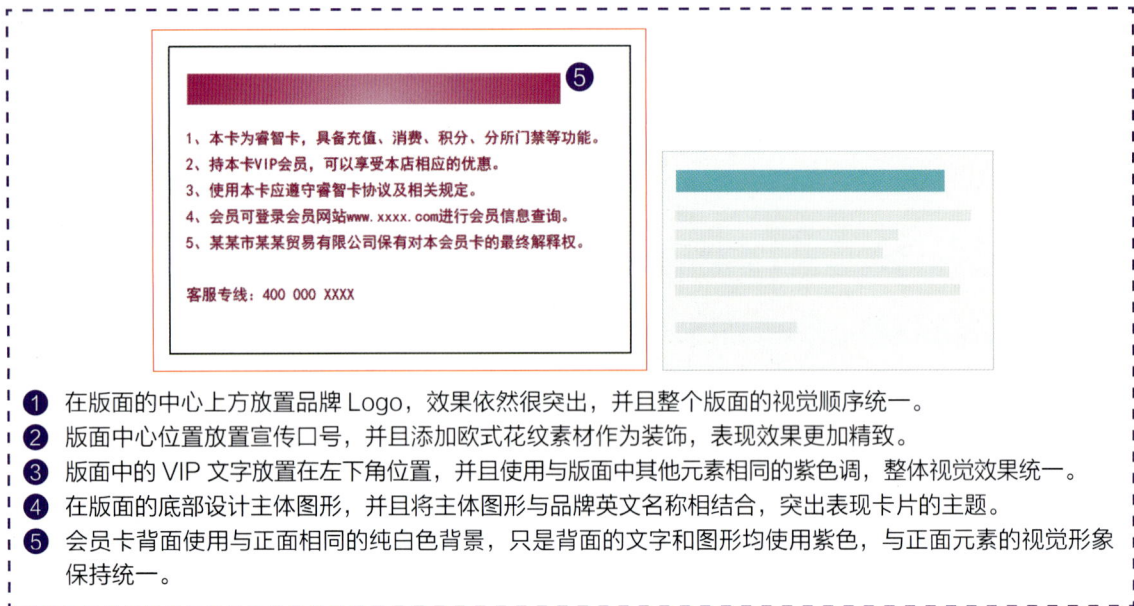

1、本卡为睿智卡，具备充值、消费、积分、分所门禁等功能。
2、持本卡VIP会员，可以享受本店相应的优惠。
3、使用本卡应遵守睿智卡协议及相关规定。
4、会员可登录会员网站www.xxxx.com进行会员信息查询。
5、某某市某某贸易有限公司保有对本会员卡的最终解释权。

客服专线：400 000 XXXX

① 在版面的中心上方放置品牌 Logo，效果依然很突出，并且整个版面的视觉顺序统一。
② 版面中心位置放置宣传口号，并且添加欧式花纹素材作为装饰，表现效果更加精致。
③ 版面中的 VIP 文字放置在左下角位置，并且使用与版面中其他元素相同的紫色调，整体视觉效果统一。
④ 在版面的底部设计主体图形，并且将主体图形与品牌英文名称相结合，突出表现卡片的主题。
⑤ 会员卡背面使用与正面相同的纯白色背景，只是背面的文字和图形均使用紫色，与正面元素的视觉形象保持统一。

第7章 ↘
海报的版式设计

在当今社会中，海报作为一种最基本的宣传工具在日常生活中经常被人们所用到，海报的种类繁多，最为常见的就是商业类海报。海报作为宣传工具，主要是将信息以简洁、明确、清晰的方式传递给受众，引起受众的兴趣，让人们参与其中，努力使受众信服传递的内容，并在审美的过程中欣然接受宣传的内容，诱导他们采取最终的行动，从而提高销售额。

本章将向读者介绍海报版式设计的相关知识和内容，并通过商业案例的分析讲解，使读者能够更加深入地理解海报版式设计的方法和技巧。

LAYOUT DESIGN

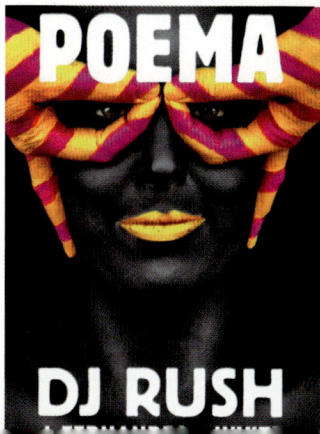

7.1 海报版式设计概述

　　海报也叫招贴，英文名为 Poster，是在公共场所以张贴或散发的形式发布的一种印刷品广告。海报具有发布时间短、时效强、印刷精美、视觉冲击力强、成本低廉、对发布环境地要求较低等特点。其内容必须真实准确，语言要生动并有吸引力，篇幅必须短小。可以根据内容需要配适当的图案或图画，以增强宣传感染力。海报艺术是一种美学艺术表现形式，其表现形式多样化。

7.1.1 海报设计分类

　　海报招贴是一种张贴于室内室外、公共场所如剧院、商业区、车站、公园、码头等处的广告，根据其宣传目的及性质，可以分为公共海报和商业海报两大类型，公共海报又包括公益海报、文化海报和艺术海报。

1. 公益海报

　　公益海报不以盈利为目的，属社会公共事业。公益海报的主要宣传内容是公众所关注的社会、道德、政策等问题，例如环保、禁烟、防火、关爱老人、希望工程、交通安全、打击盗版等，如图 7-1 所示。

图 7-1

2. 文化海报

　　文化海报是以文化娱乐活动为宣传主题，例如音乐会、运动会、戏剧、展览会等，其宣传对象是有具体的时间、地点、主办单位的文化或商业活动，其宣传目的是扩大活动的影响力，吸引更多的参与者，要求信息的传达准确完整，因此文字的比例要大于其他类型的海报，如图 7-2 所示。

图 7-2

3.　艺术海报

艺术海报是指无商业价值、无功利性，只为美化环境、赏心悦目而设计的海报，通常综合绘画、摄影、图形、色彩、材料、肌理等各种艺术手段进行表现。

影视宣传海报的宣传对象为电影、电视剧等，海报的发布时间在影视作品发布前或发布过程中，宣传目的为扩大影视作品的影响力。此类海报往往与剧情相结合，海报内容通常为影视作品的主要角色或重要情节，海报色彩的运用也与影视作品的感情基调有直接联系，如图 7-3 所示。

图 7-3

4. 商业海报

商业海报是指宣传商品或商业服务的商业广告性海报。商业海报的设计要恰当地配合产品的格调和受众对象，包括各种商品宣传、产品展销、交易会、树立企业形象、观光旅游、交通运输、邮电、保险等方面的海报，如图7-4所示。

图7-4

商品宣传海报在设计上要求客观准确，通常采取写实的表现手法，并突出商品的显著特征，以激发消费者的购买欲望。

7.1.2 海报版式设计的特点

创意是海报招贴的生命和灵魂，海报招贴设计的核心所在是它能使海报招贴的主题突出并具有深刻的内涵。现代海报招贴最主要的特征之一，就是在瞬间吸引眼球并引起受众心理上的共鸣，将信息迅速准确地传达给受众，这也是海报招贴作品获得成功的最关键因素。如图7-5所示为富有创意的海报设计。

图7-5

要想设计出好的海报招贴作品，就需要注意使其具备以下几点。

1. 尺寸大

海报不是捧在手上的设计，而要张贴在户外能引起人们关注的场所和环境中，海报的展示效果受到周围环境和各种因素的干扰，所以必须以大画面及突出的形象和色彩展现在人们面前。

海报的常用尺寸主要有 130mm×180mm、190mm×250mm、300mm×420mm、420mm×570mm、500mm×700mm、600mm×900mm、700mm×1000mm，如图 7-6 所示。但是海报的尺寸不能一概而论，也要考虑到外界的因素，例如现场空间的大小、客户的需求等。由于海报多数是用制版印刷的方式制成的，供在公共场所和商店内外张贴，在设计时应该注意尽量使分辨率达到 300dpi，从而保证印刷的质量。

130mm×180mm　　190mm×250mm　　300mm×420mm

以 12.5% 显示时的大小

420mm×570mm　　500mm×700mm　　600mm×900mm　　700mm×1000mm

以 5% 显示时的大小

图 7-6

2. 远视强

海报可以说具有广告的典型特征，因此要充分体现定位设计的原理。可以通过突出的商标、标志、标题、图形或对比强烈的色彩、大面积的空白以及简练的视觉流程使海报招贴成为视觉焦点，这样可以使来去匆忙的人们留下视觉印象。如图 7-7 所示为设计精美的商业海报。

图 7-7

3. 艺术性高

从海报的整体来看，可以分为商业海报和非商业海报两大类。商业海报多以具有艺术表现力的摄影、造型写实的绘画或漫画为主的形式表现，给受众留下真实感人的画面和富有幽默情趣的感受。而非商业海报内容广泛、形式多样、艺术表现力丰富，尤其是文化艺术类海报。设计师根据海报主题充分发挥想象力，尽情施展艺术手段，在设计中加入自己的绘画语言，设计出风格各异、形式多样的海报。如图 7-8 所示为具有很强艺术感的海报设计。

图 7-8

设计海报招贴时,首先要确定主题,再进行构图设计。海报的设计不仅要注意文字和图片的灵活运用,更要注重色彩的搭配。海报的构图不仅要吸引人,而且还要传达更多的信息,从而促进消费,达到宣传的目的。

7.1.3　海报版式的构成

海报设计必须有相当的号召力与艺术感染力,要调动图像、文字、色彩、版式等因素,形成强烈的视觉效果。简洁明了的设计是最便于记忆的,试图讲述太多或过于简单,都会使人不知所云,失去观赏兴趣。

1. 图形

图形是海报版式的主要构成要素,它能够形象地表现广告主题。海报中的创意图形是吸引受众目光的重点,它可以是黑白画、喷绘插画、手绘素描、摄影作品等,表现技法上有写实、超现实、卡通漫画、装饰等手法。在设计上需紧紧环绕广告主题,突显商品信息,以达到宣传的功效。如图 7-9 所示为海报设计中的图形表现效果。

2. 文字

文字在海报版式中占有举足轻重的角色,和图形比较起来文字信息的传达更加直接。现代海报设计中,许多设计师用心于文字的改进、创造、运用,他们依靠有感染力的字体及文字编排方式,创造出一个又一个的视觉惊喜,在这些海报招贴的版面中,我们看到文字的大小穿插、正反倒转、上下错位、字体混用、虚实变化等,丰富多变的编排格式构筑了多层次多角度的视觉空间,营造出活泼、严肃、明亮、幽暗、安静、运动等各种丰富情感。文字的功能已由"叙述信息"提升为"表现",显现了前所未有的灵气,成为表达创意的有效手段。如图 7-10 所示为海报设计中突出的文字编排效果。

在该海报的版式设计中富有创意地将各种不同颜色和造型的墨水与人物完美结合,使人物表现出灵动、飘逸的效果,表现效果非常突出,给人留下深刻的印象。

图 7-9

在该海报的版式设计中,在版面的中间位置使用大号加粗字体来表现版面的主题,并且将主题文字与舞蹈人物结合,通过文字与人物的叠加处理,突出了主题文字的表现,并且增强了版面的空间感。

图 7-10

3. 配色

　　图形和文字都脱离不了色彩的表现，色彩有先声夺人的功能，海报招贴版面的配色要切合主题、简洁明快、新颖有力。对比度、感知度的把握是关键，相近的色彩搭配，感知度较弱，在远处或某些光线下，会显得朦胧暧昧，影响辨认。如图 7-11 所示为出色的海报版面配色。

4. 版式

　　优秀的海报招贴设计鲜活有力，能够迅速抓住受众，四平八稳的版面是不具备如此魅力的，现代海报招贴设计中常采用自由版式。自由版式是对排版秩序结构的分解，不是用清晰的思路与规律去把握设计，没有传统版式的严谨对称，没有栏的条块分割，没有标准化，在对点、线、面等元素的组织中强调个性发挥的表现力，追求版面多元化。如图 7-12 所示为出色的海报版式设计。

　　该运动鞋宣传海报使用黑色作为版面的背景主色调，给人高档感，并能够有效地突出版面中炫彩的运动鞋，通过为运动鞋添加不同色彩的曲线光束，充分体现出该产品的动感与时尚。

图 7-11

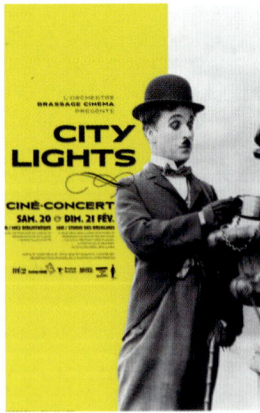

　　该活动宣传海报的表现效果非常突出，使用黄色和黑色将版面背景分为对比的两个部分，在版面左侧排列相应的文字内容，在分割的中间位置放置黑白的人物图形，黑白与彩色的对比强烈，表现效果突出。

图 7-12

7.1.4　海报版式的设计流程

　　在海报版式设计过程中，常见的有借鉴和原创两种情况。借鉴是一种较为快速的方式，通过翻阅相关资料，挑选合适的形式、手法进行移植；而原创则需要凭借自己所学的知识和经验，结合海报版式设计的法则进行构思和构图，难度较大，但独创性较强。通常情况下，海报招贴的版式设计会按照以下几个步骤进行。

1．分析规划

调研并搜集产品的属性、商标、名称、产品实样、标准色、客户要求等，进行反复分析，从中确定创意的目标。准备与海报尺寸同一比例的缩小画纸，绘制出海报草图。

2．确定方案

根据确定的草图，对图像、字体、字号、字距、行距、明暗、色彩等元素进行编排。必须使信息的焦点非常突出，形成高度精炼的表现，从而达到视觉冲击力极强的效果，给人以简洁有力、形象鲜明的深刻印象。

3．制作成品

确定了具体的方案之后，需要在电脑上进行制作，以达到传达信息、表现艺术感、展现精美版面效果的目的，最后送至印刷。

7.2　海报版式的创意方法

海报要想在几秒钟内牢牢吸引人，就要求设计师不仅内容准确到位，更要有独特的版面创意。创意是智慧的火花，是海报的灵魂，能改变产品或企业的命运，能够令受众津津乐道，过目不忘。

海报的版面创意形式可以根据视觉表现特点大致归纳为直接、会意和象征 3 种基本方法，它们相互综合、融会贯通，可以创造出千变万化的版面效果。

7.2.1　直接法

直接法是指在海报版式设计中直接表现广告信息，把产品最典型、最本质的形象或特征清晰、鲜明、准确地展示出来。采用这种创意方法的海报能够给人真实、可信、亲切的感受，受众容易理解和接受。如图 7-13 所示为使用直接法设计的海报。

在该化妆品广告的版面设计中使用黑色和深蓝色作为版面的背景主色调，突出版面中间产品的表现，并且为产品应用高光的效果，使其在版面中的表现效果非常突出、醒目。

在该数码相机的海报设计中，在版面的中心位置直接展示产品图像，并将相机产品与唇彩相结合，暗喻产品的小巧、精致，在版面中大量运用留白，突出产品的表现效果。

图 7-13

7.2.2 会意法

在海报设计中不直白呈现广告信息，而是表现由它们引发与其自身相关、等同类似甚至相反的联想和体验。这种创意方法能够让受众驰骋于想象，通过思考来完成对广告的理解和记忆，能够给人含蓄动人的印象。如图 7-14 所示为使用会意法设计的海报。

在该葡萄酒宣传海报的版式设计中，将产品与葡萄庄园相结合，并且葡萄酒产品占据较大的版面，表现突出，喻意产品的纯天然和新鲜。使用暖色调作为版面的主色调，给人一种温暖和希望的感觉。

在该运动鞋的宣传海报设计中，运用夸张的创意手法，将整个版面的色调都设置为明度和纯度较低的浊色调，唯独运动鞋产品保留鲜艳的色调，在版面中非常突出。外星人来袭，抢走的不是人而是运动鞋，喻义该产品都已经得到外星人的青睐。

图 7-14

7.2.3 象征法

将广告信息所蕴含的特定含义通过另一种事物、角度、观点进行引申，产生出新的意义，使广告主题更加深化强烈，给人留下深刻印象。如图 7-15 所示为使用象征法设计的海报。

Melting Away

在该环保公益海报中，运用生动的想象，将地球处理为融化的冰淇淋，来表现全球变暖的危机，呼吁人们保护环境。

在该电子产品海报设计中，画面构成单纯、想象生动，通过人物手持该产品坐在椅子上飞驰的合成场景，表现该电子产品能够为用户带来更加快速流畅的体验，突出表现了该产品的核心特点。

图 7-15

海报是一种大众化的宣传工具，它的画面应具有较强的视觉中心，然而海报的表现形式多种多样，题材广阔，限制较少，所以海报的外观构图应该让人赏心悦目，能在视觉上给人美好的印象。

7.3　手机促销海报的版式设计

7.3.1　项目分析

本案例设计的手机促销活动海报，运用灰色的背景搭配蓝色的不规则形状使版面表现出时尚感，而版面中的设计重点在于主题文字的表现，在该海报版面中对主题文字进行了变形处理，并且将主题文字设置为两种对比色调，使得主题文字的表现效果非常突出和抢眼，使人一眼就能够明白该海报的主题。版面中的产品素材图片则采用叠加放置的方式，使版面产品具有立体感和层次感，整个海报版面让人感觉简洁大方、主题突出，通过不规则几何形状图形与线条的运用，使版面产生很强的动感和时尚感。本案例所设计的手机促销海报的最终效果如图 7-16 所示。

图 7-16

在本案例所设计的手机促销海报中主要使用的素材图像为促销的手机素材图片，为了使版面的表现效果更加丰富和时尚，在海报的背景中还运用了富有现代感的不规则几何图形，既能够丰富海报版面背景效果，又能够突出表现手机产品的现代与时尚感。本案例设计的手机促销海报所使用的素材如图 7-17 所示。

手机产品图片

不规则几何形状素材

图 7-17

7.3.2　配色分析

　　本案例所设计的手机促销宣传海报使用浅灰色作为版面的背景主色调，灰色是一种中性的色彩，可以表现出科技与时尚感，在版面中运用了多种鲜艳的色彩进行搭配，包括蓝色、洋红色和橙色，使得版面中的对比效果非常强烈，既能够体现产品的多样化和功能的多元化，又能够突出主题，整体的色彩搭配使得整个海报版面表现得更加绚丽多彩，给人时尚、活跃的氛围。

RGB(235、234、245) CMYK(9、8、0、0)	RGB(0、160、232) CMYK(100、0、0、0)	RGB(228、0、126) CMYK(0、100、0、0)

7.3.3　设计思路

　　❶ 将本案例所设计的手机促销海报的尺寸设置为 570mm×840mm，幅面要足够大，才容易吸引行人的注意，并且需要为四边各预留 3mm 的出血区域，如图 7-18 所示。

❷ 为了突出表现版面中的主体和手机产品，版面的背景使用浅灰色的纯色，但为了避免背景的单一，在版面底部添加不规则几何形状素材，使版面的表现更加富有现代感和时尚感，如图 7-19 所示。

❸ 使用大号加粗字体在版面中表现促销活动主题，并且将主题文字设置为鲜艳的对比色调，突出主题文字的表现，如图 7-20 所示。

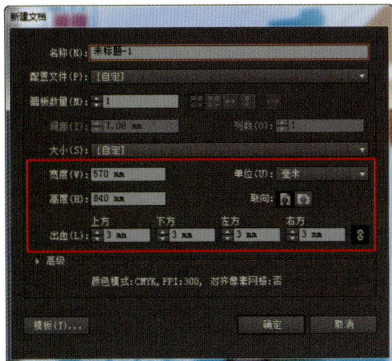
图 7-18

图 7-19

图 7-20

❹ 为了使主题文字的表现更加突出，对主题文字进行变形处理，这也是海报设计中常用的突出主题的方法，变形处理后的主题文字效果更加形象，表现效果更加强烈，如图 7-21 所示。

❺ 在版面中的主题文字下方放置手机产品，通过叠加放置的方式，使版面表现出空间层次感，如图 7-22 所示。

❻ 为了使版面视觉效果更加强烈，在版面中添加了一些色块和倾斜的线条，使版面的表现更加具有动感，如图 7-23 所示。

图 7-21

图 7-22

图 7-23

⑦ 最后在版面底部使用表格的方式来介绍促销活动的相关内容，使得信息内容的表现更加清晰和富有条理，最终效果如图 7-24 所示。

图 7-24

7.3.4　对比分析

手机已经成为人们日常生活中必不可少的工具，手机市场的竞争也越来越激烈，优秀的手机促销海报能够很好地向消费者传递促销信息，勾起消费者的购买欲望，从而达到促进产品销售的效果。

设计初稿 》》》

① 将主题文字采用传统方式放置在版面的上方，过于简单，缺乏设计感，主题文字表现得不够突出。

② 使用纯色作为版面背景，背景表现简洁、单纯，但无法表现现代感。

③ 版面过于空旷，背景表现过于单一。

④ 版面整体显得非常普通，无法体现出动感和时尚的视觉效果。

最终效果 »»»

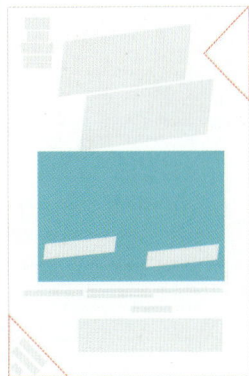

① 对版面中的主题文字进行变形处理，使其表现效果更加突出。

② 在版面背景的下方添加不规则几何形状素材，使版面背景的表现更加丰富。

③ 分别在版面右上角和左下角位置放置橙色三角形色块，形成呼应，使版面富有节奏感。

④ 在版面中的主题文字位置添加一些倾斜的线条装饰，使得版面的表现更加动感。

7.4　婴儿用品海报版式设计

随着经济水平的不断提高和新生儿数量的增加，婴儿用品的需求量越来越大，品牌也在不断增多，品牌之间的竞争非常激烈。一个优秀的海报设计可以很好地宣传品牌形象，并且吸引消费者的关注。

7.4.1　项目分析

本案例设计的是一款婴儿用品的宣传海报，该海报版面中的设计元素非常丰富，整个版面显得欢乐。使用草地和婴儿作为版面的背景素材图片，在版面下方添加黄色的圆弧状图形，丰富版面的层次，在版面中使用大号的手写字体来表现海报的主题，可爱的手写字体与海报的主题相吻合，在整个版面中还使用了其他一些素材来丰富版面的内容，整个海报给人感觉欢乐、充满希望的感觉。本案例所设计的婴儿用品海报的最终效果如图 7-25 所示。

根据该海报的产品特点，为海报增添了婴儿的图片素材，这样可以突显出产品的特性，使其主题更加明确。版面中以绿草作为海报的背景使其表现得更加温馨。版面中还运用了相关的一些素材进行点缀，使整个版面更加丰富，视觉效果更强。本案例所设计的婴儿用品海报所使用的主要素材如图 7-26 所示。

图 7-25

图 7-26

7.4.2　配色分析

本案例所设计的婴儿用品海报使用绿色作为版面的主色调，表现出自然、纯净的氛围。在版面中搭配黄色和红色，形成强烈的对比效果，版面色调丰富，视觉效果突出，给人一种健康、美好的心理感受。

RGB(20、141、65)　　　RGB(237、200、94)　　　RGB(230、0、19)
CMYK(82、30、97、0)　　CMYK(12、25、69、0)　　CMYK(11、99、99、0)

7.4.3　设计思路

❶ 婴儿用品海报一般张贴在其品牌专卖店内或者专柜的展架上，面积不需要太大，因此可以将尺寸设置为 300mm×150mm，并且四边各预留 3mm 的出血区域，如图 7-27 所示。

② 为了使版面表现得更加纯净，我们为该海报添加绿草作为背景。在版面的下方添加圆弧形的图形，这样可以突显出整个版面的层次感，如图 7-28 所示。

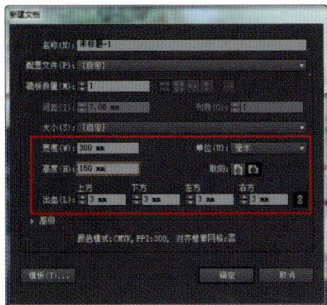

图 7-27

图 7-28

③ 为了配合海报产品的主题，在版面中为其添加了相应的素材来突出主题，使得版面主题内容更加明确，画面更加丰富，如图 7-29 所示。

④ 版面中的主题文字则使用大号的手写字体来表现，并且为手写字体添加相应的绿叶素材，使主题文字的表现更加可爱，并且与该海报的主题相吻合，表现出一种快乐、健康的感觉，如图 7-30 所示。

图 7-29

图 7-30

⑤ 为了使整个画面表现得更加丰富和温馨，在版面的右上角加入了光影的效果，在海报的下方为其添加了昆虫素材图片，可以使整个海报更加富有生机和活力，整个版面的表现也更加丰富，如图 7-31 所示。

图 7-31

7.4.4　对比分析

海报设计版面的安排要符合视觉流程的规律，以便于阅读和记忆，内容务必要主次分明，重点突出，保证在"瞬间效应"的过程中快速传递主要信息，保证各个组成要素之间在内容和形式上都要形成有机的联系，以实现在视觉和心理上的连贯。

设计初稿 》》》

① 主题文字使用粗体文字，整体文字过于死板，无法表现出儿童天真、可爱的个性。
② 版面上方有点单调，表现不出富有生机、活力的样子。
③ 版面下方的渐变矩形过于生硬，没有做到很好的过渡，整体的视觉效果较差。
④ 将产品图片放置在文字信息的上方，不仅破坏了整体画面的美感，还使得整个版面不够统一。

最终效果 》》》

① 将主题文字进行变化，重新排列，使得整个主题文字表现得很活跃，不但丰富了整体的画面，而且很符合主题文字想要表达的意思。
② 在版面的上方添加阳光照射的效果，使得整个版面表现得更加富有生机和活力。
③ 在版面的下方运用弧形的图形，这样不会显得整个版面过于生硬，并且为整个版面做到了很好的过渡。
④ 将产品图片放在文字的下方，这样会显得版面整体更加统一、和谐，视觉效果更加强烈。

第8章

DM 宣传页的版式设计

　　DM 宣传页设计的重点是将广告创作通过一定的形式具体地表现出来，体现设计者的思想。DM 宣传页的版式设计在总体上要求新求异，充分体现广告创意的内容，将商品信息或广告主信息最大限度地传递给目标市场，版式设计的好坏直接影响到广告宣传的效果。

　　本章将向读者介绍 DM 宣传页版式设计的相关知识和内容，并通过商业案例的分析讲解，使读者能够更加深入地理解 DM 宣传页版式设计的方法和技巧。

LAYOUT DESIGN

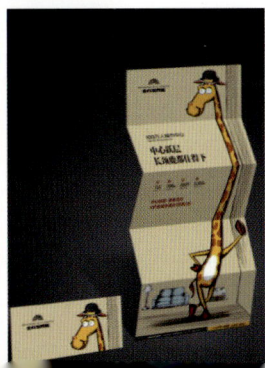

8.1　DM 宣传页版式设计概述

　　DM 宣传页是人们日常生活中十分常见的一种广告形式，凭借其制作成本低廉、运用范围广泛的特点被大量使用。DM 宣传页主要以新颖的创意、富有吸引力的设计语言来吸引目标对象，具有较强的针对性，可以直接将广告信息传递给相应的受众。

8.1.1　什么是 DM 宣传广告

　　DM 是英文 Direct Mail Advertising 的省略表达，直译为"直接邮寄广告"，即通过邮寄、赠送等形式，将宣传品送到消费者手中、家里或公司所在地，是一种广告宣传的手段。也可以将 DM 表述为 Direct Magazine Advertising（直投杂志广告）。两者没有本质上的区别，都强调直接投递或邮寄。因此，DM 是区别于传统的广告刊载媒体、报纸、电视、广播、互联网等的新型广告发布载体。DM 通常由 8 开或 16 开广告纸正反面彩色印刷而成，通常采取邮寄、定点派发、选择性派送到消费者住处等多种方式广为宣传，是超市最重要的促销方式之一。如图 8-1 所示为常见的DM 宣传页效果。

图 8-1

8.1.2　DM 宣传广告的类型

　　DM 宣传广告形式有广义和狭义之分，广义上包括广告单页，如大家熟悉的街头巷尾、商场超市散布的传单，肯德基、麦当劳的优惠券也包括其中，如图 8-2 所示为 DM 宣传广告单页。狭义上的 DM 宣传广告仅指装订成册的集纳型广告宣传画册，页数在 10～200 页不等，如一些大型超市邮寄广告页数一般都在 20 页左右，如图 8-3 所示为 DM 广告宣传折页。

图 8-2

图 8-3

　　常见的 DM 宣传广告类型主要有：销售函件、商品目录、商品说明书、小册子、名片、明信片、贺年卡、传真以及电子邮件广告等。免费杂志成为近几年 DM 广告中发展得比较快的媒介，目前主要分布在既具备消费实力又有足够高素质人群的大中型城市中，如图 8-4 所示为常见 DM 宣传广告。

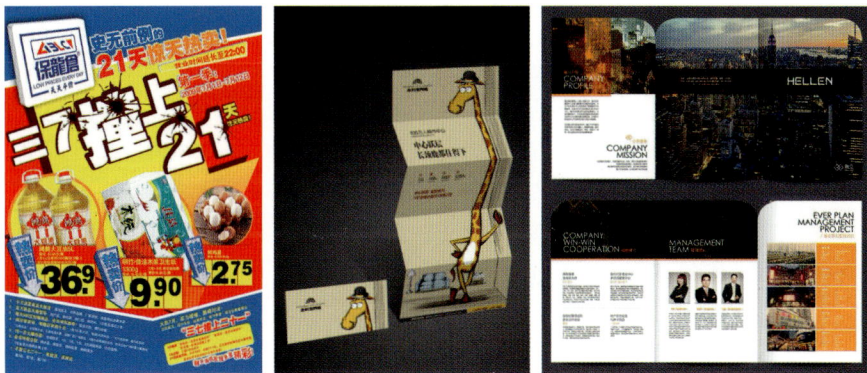
图 8-4

提示

　　DM 宣传广告的特点是广告持续时间长，具有较强的灵活性，能产生良好的广告效应，并且具有可测定性和隐蔽性。

8.1.3　DM 宣传广告的设计要求

　　DM 宣传广告是指采用排版印刷技术制作，以图文作为传播载体的视觉媒体广告。这类广告一般采用宣传单页或杂志、报纸、手册等形式出现，对于 DM 宣传广告的版式设计主要有以下几点要求。

1. 了解产品，熟悉消费心理

设计师需要透彻地了解商品，熟知消费者的心理习惯和规律，知己知彼，才能够百战不殆。

2. 新颖的创意和精美的外观

DM 的设计形式没有固定的法则，设计师可以根据具体的情况灵活掌握，自由发挥，出奇制胜。爱美之心，人皆有之，因此 DM 宣传广告设计要新颖有创意，印刷要精致美观，吸引更多的眼球。

3. 独特的表现方式

设计制作 DM 宣传广告时要充分考虑其折叠方式，尺寸大小，实际重量，便于邮寄。设计师可以在 DM 宣传广告的折叠方法上玩一些小花样，例如借鉴中国传统折纸艺术，让人耳目一新，但切记要使阅读者能够方便拆阅。

4. 良好的色彩与配图

在为 DM 宣传广告配图时，多选择与所传递信息有强烈关联的图案，刺激记忆。设计制作 DM 宣传广告时，设计者需要充分考虑到色彩的魅力，合理运用色彩可以达到更好的宣传作用，给受众群体留下深刻印象。

此外，好的 DM 宣传广告还需要纵深拓展，形成系列，以积累广告资源。在普通消费者眼里，DM 与街头散发的小广告没有多大的区别，印刷粗糙，内容低俗，是一种避之不及的广告垃圾。其实，要想打动并非铁石心肠的消费者，不在设计 DM 广告时下一番功夫是不行的。如果想使设计出的 DM 广告是精品，就必须借助一些有效的广告技巧来提高所设计的 DM 效果。这些技巧能使设计的 DM 看起来更美，更招人喜爱，成为企业与消费者建立良好互动关系的桥梁。如图 8-5 所示为设计精美的 DM 广告。

图 8-5

8.1.4　DM 宣传广告的设计流程

DM 宣传广告版式设计的基本要求是：视觉冲击力强，主题明确，版面层次清晰。DM 宣传广告的设计流程主要可以分为以下几个步骤。

1．具体分析

了解产品的特性，分析消费者的心理习性和规律，设计出消费者容易接受的 DM 宣传广告形式。

2．精彩创意

在设计上一定要有新意，在印刷上一定要精美。确保有足够的吸引力和保存价值，从而使得消费者不舍得丢弃。

3．设计形式

DM 宣传广告的设计形式没有固定的法则，可以根据实际情况进行灵活设计，尽量设计出比较独特的、有吸引力的形式，做到出奇制胜。

4．规格选取

充分地考虑其折叠方式、尺寸大小、实际重量，以便于邮寄。

5．折叠方式

如果 DM 宣传广告是以折页的方式呈现，可以在折叠方法上进行创新，给人独特的感受，但务必要考虑到方便消费者阅读。

6．主题口号

DM 宣传广告的主题口号一定要响亮，以对消费者产生较强的诱惑力，从而使得消费者继续阅读版面上的其他内容，使广告效果达到最大化。

7．选择配图

DM 宣传广告中的图像素材应该首先与主题内容相关，同时需要有较强的视觉冲击力，以吸引消费者的目光。

8．色彩印象

将主要内容都编排在版面中之后，需要对版面的色彩进行考量。注意要符合主题，统一中有变化是色彩搭配的基本要求。如图 8-6 所示为设计精美的 DM 宣传广告。

图 8-6

图 8-6（续）

8.2　DM 宣传页的版式设计特点

DM 宣传广告的版式设计要求造型别致、有趣味，能令人耳目一新，这样才能产生最大的效果。并且制作要精美，内容设计要让人舍不得丢弃。广告主题的口号一定要响亮，要能够引发受众的好奇心。设计时要对采用的印刷工艺和纸张进行分析，在版面中进行相应的处理。

8.2.1　DM 宣传页的构成要素

外观、图像、文案是 DM 宣传广告设计的三个重要的构成要素。

1. 外观要素

外观要素主要包括尺寸、纸张的厚度、造型的变化等，是刺激消费者眼球的首要因素。如图 8-7 所示为特殊造型设计的 DM 宣传折页。

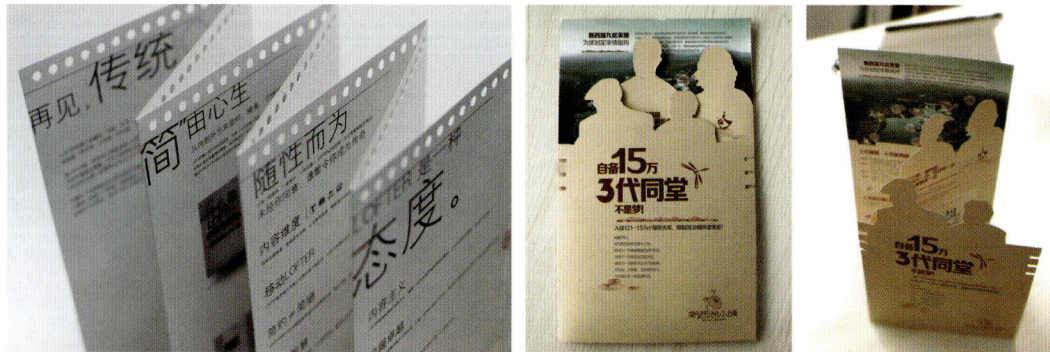

图 8-7

2. 图像要素

　　DM 宣传广告设计中的图像设计不仅要美观，更要简洁，并表现出一定的差异性。大部分的 DM 宣传广告的图像都是以大量的产品图片堆砌而成，或者是以连篇累牍的文字为主，这样的安排方式会让消费者感到疲劳，也难以把宣传的主题充分展现出来。因此，在 DM 宣传广告的图像处理上，应该表现出新颖的创意和强烈的视觉冲击力，对文字进行图形化处理也是不错的表现方式。如图 8-8 所示为 DM 宣传广告中图形的创意表现。

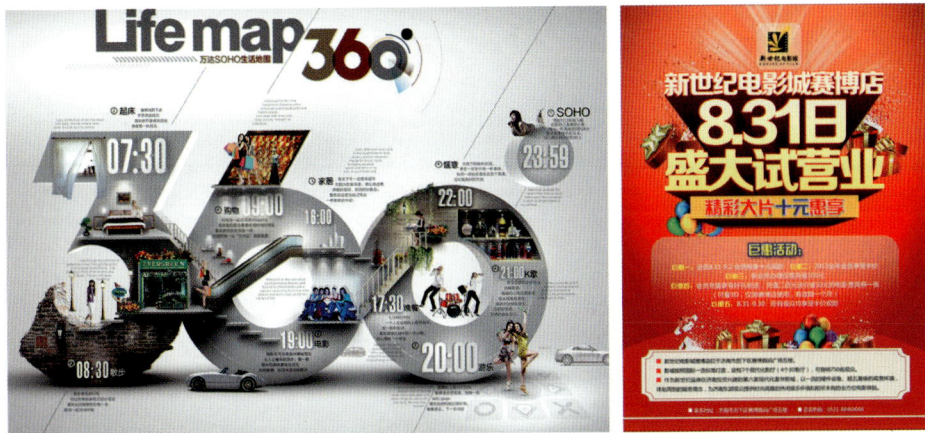

图 8-8

3. 文案要素

　　文案要素可以说是 DM 宣传广告设计的重点，能够充分体现宣传的有效性。设计时需要以突出的字体为表现手法，对消费者进行视觉上的刺激，以表现出产品性能与消费者之间的利益关系，引起读者继续阅读的兴趣。如图 8-9 所示为 DM 宣传广告中文案要素的突出表现。

图 8-9

8.2.2 DM 宣传页的构图方式

在 DM 宣传广告版面要素的整体安排中，主要的部分必须突出显示，次要的部分则应该充分起到衬托主题的作用，以烘托画面气氛。次要形象和文字既要衬托主体的形象，又要具有相对的独立性，既要呼应主体，又要保持对比关系。

DM 宣传广告的构图方式较为多样化，色彩和构图相互依存。比较常见的有满版式构图、导引式构图、组合式构图、自由式构图等，没有固定的构图模式。可以根据具体图像、文字内容及版面需要，以美观、醒目、主题突出为原则，加以灵活运用。如图 8-10 所示为使用不同构图方式的 DM 宣传广告。

图 8-10

8.2.3 DM 宣传页的视觉流程

由于 DM 宣传广告需要快速地传递信息，所以在版式设计上采用引导性视觉流程，可以使版面更加简洁，并且让观者很快地了解到版面上的内容。合理利用人的视觉习惯编排版面，可以使读者轻松流畅地阅读完版面内容，使信息得以顺利传达。

下面来看看以下几种视觉流程。

垂直的视觉流程，将图片编排在版面的上方，吸引人的视线，并从上向下移动。如图 8-11 所示为采用垂直视觉流程的 DM 宣传广告。

图 8-11

运用同色系的色彩图片引导视线向下一个目标移动，如图 8-12 所示。

运用相同或相似的形状引导视线移向下一个图形，如图 8-13 所示。在没有相似色彩或图形的情况下，人的视线一般会向一旁偏移。

图 8-12

图 8-13

8.3　商业地产 DM 宣传页版式设计

面对激烈的竞争，商家都想尽一切办法来宣传自己的产品，DM 宣传页就是一种最常见的广告宣传形式。房地产行业的 DM 宣传单页是我们日常生活中接触较多的一种 DM 宣传广告，主要是通过在街头派发的方式来吸引消费者对该房地产项目的关注。

8.3.1 项目分析

本案例所设计的商业地产 DM 宣传页采用双面印刷，正面主要是通过色彩的组合使版面表现出较强的视觉冲击力，在版面中运用多个时尚生活素材图片，突出表现该商业地产的繁华，版面的中心位置则使用大号加粗字体表现该商业地产的宣传口号，表现效果突出。背面则主要是通过图文相结合的方式来介绍该商业地产的相关优势，广告中的内容简洁、有条理。本案例所设计的商业地产 DM 宣传单页的最终效果如图 8-14 所示。

图 8-14

在本案例所设计的商业地产 DM 宣传页中主要使用能够表现繁华商业场景的相关素材图片，通过这些素材图片的应用来突出该商业地产的前景，在版面设计中也使用了该商业地产的 Logo 素材，从而突出该商业地产的品牌。本案例设计的商业地产 DM 宣传单页所使用的素材如图 8-15 所示。

地产项目 Logo　　商业素材　　人物素材

图 8-15

图 8-15（续）

8.3.2　配色分析

　　本案例所设计的商业地产 DM 宣传单页使用了多种鲜艳的色彩进行搭配，从而表现出该商业地产的繁华与热闹氛围，在版面中主要使用对比色调蓝色和黄色进行搭配，这两个对比色调的应用使版面的视觉效果非常突出，局部位置则点缀了其他一些鲜艳的色调，从而使版面的表现效果更加丰富多彩。

RGB(255、204、0)
CMYK(4、25、89、0)

RGB(0、153、153)
CMYK(79、24、44、0)

RGB(204、0、102)
CMYK(26、99、38、0)

8.3.3　设计思路

　　❶ 本案例所设计的商业地产 DM 宣传单页的尺寸是 285mm×420mm，该尺寸大小也是楼盘 DM 宣传单页的常规尺寸，并且需要为四边各预留 3mm 的出血区域，如图 8-16 所示。

　　❷ 在版面中通过多种不同颜色的色块来构成版面的背景，使背景的表现非常时尚和炫丽，并且通过对版面右上角的处理，使其表现为不规则的形状，给人个性感，如图 8-17 所示。

　　❸ 在版面的上方放置该商业地产项目的 Logo 素材，符合人们的视觉流程。在版面中间位置，通过多个商业场景素材的应用，使版面表现出热闹和繁华的商业气息，如图 8-18 所示。

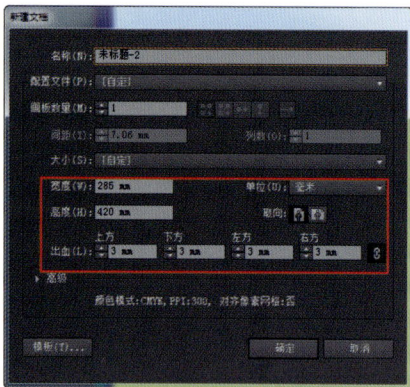

图 8-16

图 8-17

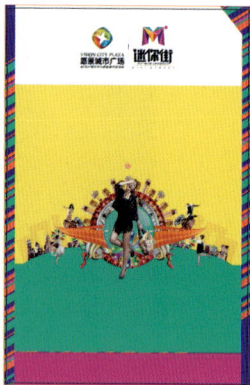

图 8-18

❹ 为了更好地突出版面的主题内容，使用大号加粗的字体在版面上方表现主题文字，而其他文字的设置则使用了不同的颜色和文字大小，从而使文字部分产生层次感，如图 8-19 所示。

❺ 在版面的下方通过不同大小和颜色的圆形来表现其他相应的内容，丰富版面的表现形式，使版面的表现更加丰满、活跃，如图 8-20 所示。

❻ 该 DM 宣传单页的背景采用与正面相同的设计风格，从而保持统一，在背面使用图文相结合的方式介绍该商业地产项目的相关内容，表现形式活跃，内容清晰、有条理，效果如图 8-21 所示。

图 8-19

图 8-20

图 8-21

8.3.4 对比分析

优秀的 DM 宣传广告不仅仅把相关信息宣传出去，还要具有一定的收藏价值，这就需要设计师在设计 DM 宣传单页时熟知消费者的心理习性和规律等各种因素。

设计初稿 》》》

① 版面使用深蓝色的背景，并且只保留了左右两侧很少部分区域，使得该部分显得很突兀，无法体现出绚丽、时尚的风格。

② 在版面中使用黄色矩形作为主体内容的背景，矩形的效果太过于死板，很容易造成视觉疲劳，完成无法体现时尚和个性的感觉。

③ 版面上方的文字只是进行了简单的字体大小的变化，不仅显得版面不够丰富，而且还没有很好地突出主题文字，会容易造成一些主要的文字信息被消费者所忽视。

④ 宣传单页背面图片的运用过于简洁，没有任何变化，显得整个宣传单档次不够高。

最终效果 》》》

① 在该宣传单页的背景边缘部分添加多种鲜艳的色彩，使版面的背景表现更加丰富，也更能够突出表现该商业地产的时尚与绚丽风格。

② 在版面的主体部分使用蓝色和黄色这两种对比色调来构成主体部分的背景，对比色调的运用不仅能够突出主体部分内容的显示，还能够更好地丰富背景的表现效果。

③ 在版面上方的主题文字部分，为相应的文字添加色块图形进行装饰，使其表现效果更突出，表现形式更多样，并且能够丰富版面中文字内容的表现层次。

④ 在宣传单页的背面图片上运用一些效果和变化，使其与版面的整体表现更加和谐，并且整个宣传单页显得有格调，视觉效果更强。

8.4 房地产四折页版式设计

各种类型的折页也是一种常见的 DM 宣传广告形式。通过清晰、明了的折页设计体现出产品自身的特点，能够将设计与产品本身统一在同一种风格上，有助于消费者对产品进行选择。

8.4.1 项目分析

本案例设计的是一个房地产四折页，该折页的版式设计简洁、主题明确。在该四折页的正面使用红色来表现折页的封面和封底，而其他两个页面则使用满版的图片，使版面的表现效果非常简洁、大气。该四折页的内页则使用浅灰色作为背景色调，但是在每个内页中都加入了红色的不规则图形或文字，与整体的表现风格统一，整个宣传折页的版式设计给人和谐、统一的感觉。本案例所设计的房地产四折页的最终效果如图 8-22 所示。

图 8-22

图 8-22（续）

　　在该房地产四折页的版式设计中主要使用了两类素材，一类是该地产项目的整体效果图，主要运用在四折页的正面，突出表现该地产项目的宏伟规模和效果；另一类是能够表现地产项目的交通、环境、商业氛围的素材图片，主要运用在该四折页的内页中，用于渲染该地产项目浓厚的商业氛围以及便捷的交通等。本案例所设计的房地产四折页所使用到的主要素材如图 8-23 所示。

图 8-23

8.4.2　配色分析

本案例所设计的房地产四折页使用红色作为版面的主色调，给人一种大气、红火、热情的感觉。在红色的背景中搭配白色的文字，文字内容清晰、易读。在四折页的内页中使用浅灰色作为版面的背景主色调，使内页形成统一的视觉效果，在各页面中点缀红色的色块，搭配深蓝色的文字，文字与红色的色块形成强烈的对比效果，内页版面中的内容清晰，具有很好的条理性和可读性。

RGB(153、0、0)
CMYK(45、100、100、15)

RGB(0、51、102)
CMYK(100、91、47、8)

RGB(250、250、250)
CMYK(2、2、2、0)

8.4.3　设计思路

❶ 本案例所设计的是户地产四折页，在设计之前首先需要清楚每一页的尺寸，从而才能够确定展开的尺寸大小，该四折页的展开尺寸为840mm×340mm，并需要为四边各预留3mm出血区域，如图8-24所示。

❷ 因为新建的文档是四折页展开的尺寸大小，所以在设计之前首先需要通过参考线将版面中各页面的位置划分出来，每个页面的尺寸为210mm×340mm，如图8-25所示。

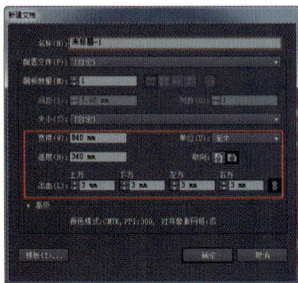
图8-24

图8-25

提示　折页的折法有很多种，其中常用的有风琴折、滚筒折和荷包折。本案例所设计的折页为滚筒式折法。由于折法的不同，每个折页的尺寸设计的也不尽相同，滚筒折最后一折要小于其他两折(1mm~3mm)，而风琴折各页面的尺寸相同。

❸ 中间两页为封面和封底，使用红色来表现封面和封底，并添加相应的素材，使封面和封底的表现效果更加丰富，其他两页则使用项目的全景效果图作为满版图片，渲染该地产项目的整体氛围，如图 8-26 所示。

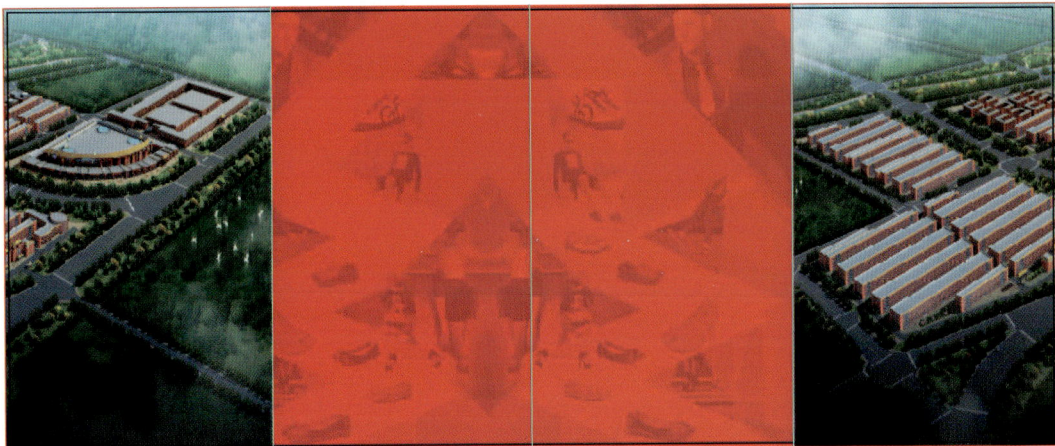

图 8-26

❹ 在封面和封底版面中添加相应的白色文字，注意使用不同的字体和字号来突出表现不同的内容，使文字内容具有层次感，如图 8-27 所示。

图 8-27

❺ 在其他两个版面中，直接在项目全景效果图的基础上添加相应的图形与文字，标注出项目中各部分的功能与作用，从而使项目的表现更加直观，如图 8-28 所示。

图 8-28

❻ 四折页内页版面的尺寸与正面的版面尺寸完全相同，在内页版面中主要是通过文字内容的排版来表现项目的详细说明内容，注意在版面中不规则形状的图形与色块的应用，使内页各页面的风格统一，并且表现出较强的时代感，如图 8-29 所示。

图 8-29

8.4.4　对比分析

现如今宣传折页在日常生活中随处可见。宣传折页设计的样式也是多种多样，好的宣传折页不仅需要把宣传的信息完美地表达出去，还需要有独特的样式让观者对它产生一种喜爱的感觉。

设计初稿 »»»

① 将四折页的封面和封底使用纯红色表现，在纯色块的背景上搭配白色的文字内容，版面显示简洁，但背景过于单调，没有任务纹理表现。

② 在四折页正面左右两页的页面中，使用满版图片作为背景，在图片中直接使用白色的文字标注相应的内容，文字在图片上的显示效果不是很清楚，并且表现效果不强。

③ 在四折页的内页版面中，使用默认的矩形图片在版面中进行排版处理，显得比较呆板，与其他页面中的几何形状图片和色块风格不符。

④ 在四折页的内页版面中，每部分介绍文字的主标题和副标题都使用蓝色的字体，标题文字的层次感不强。

最终效果 »»»

① 在该宣传折页的封面和封底中添加富有商业气息的背景，将背景素材与色块融合在一起，使得版面背景的表现更加丰富，也能够有效突出表现该宣传折页的主题。

② 在宣传折页正面左右两页的页面中，将图片中的各个标注设计为位置图标的形式，红色的位置图标与封面和封底的背景色调统一，并且使得标注的内容更加清晰、易读。

③ 在宣传折页的内页版面中，将图片素材处理为三角形的形状，与其他内页中的图片和色块形状相统一，使内页版面的表现效果更加具有现代感和时尚感。

④ 在宣传折页的内页版面中，将每段介绍文字内容的主标题和副标题分别设置为蓝色和红色的字体，使主标题与副标题具有很强的对比效果，能够更好地吸引消费的关注。

第9章

户外广告的版式设计

户外广告是继广播、电视、报纸和杂志之后的第五大媒体。传统的户外广告主要有路牌广告、楼体广告等。近几年来新型户外广告形式不断涌现，如汽车车身广告、公路沿线广告、城市道路灯杆挂旗广告和电子屏幕广告等。

本章将向读者介绍户外广告版式设计的相关知识和内容，并通过商业案例的分析讲解，使读者能够更加深入地理解户外广告版式设计的方法和技巧。

LAYOUT DESIGN

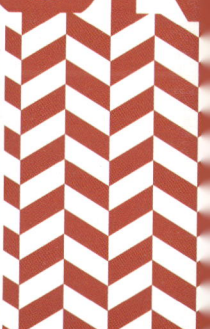

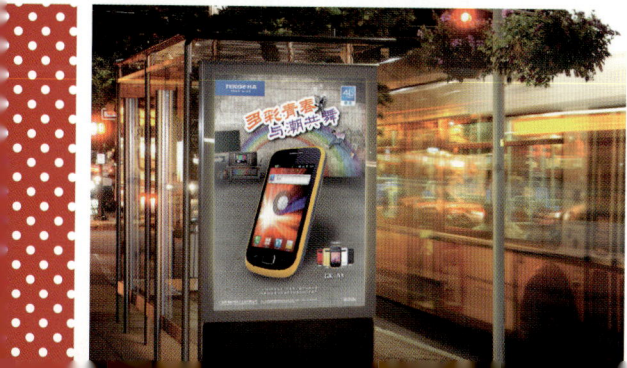

9.1 户外广告版式设计概述

　　户外广告简称 OD，主要指在城市的交通要道两边、主要建筑物的楼顶或者商业区的门前和路边等户外场地发布的广告。一般能在露天或公共场合通过广告表现形式，同时向许多消费者进行诉求，以达到推销商品目的的媒体都可以称为户外媒体广告。

9.1.1 常见户外广告形式

　　户外广告种类很多，从空间角度可划分为平面户外广告和立体户外广告；从技术含量上可划分为电子类户外广告和非电子类户外广告；从物理形态角度可划分为静止类户外广告和运动类户外广告；从购买形式上还可划分为单一类户外广告和组合类户外广告。

1. 电子类

　　电子类户外广告包括霓虹灯广告、激光射灯广告、三面电子翻转广告牌、电子翻转灯箱和电子显示屏等，如图 9-1 所示。

2. 非电子类

　　非电子类户外广告包括路牌、商店招牌、条幅以及车站广告、车体广告、充气模型广告和热气球广告等，如图 9-2 所示。

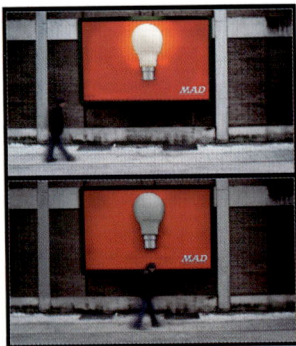

图 9-1

图 9-2

3. 静止类

　　静止类户外广告包括户外看板、外墙广告、霓虹广告、电话亭广告、报刊亭广告、候车亭广告、单立柱路牌广告、电视墙、LED 电子广告看板、广告气球、灯箱广告、公交站台广告、地铁站台广告、机场车站内广告等，如图 9-3 所示。

4. 运动类

运动类户外广告包括公交车车体广告、公交车车厢内广告、地铁车厢内广告、索道广告、热气球广告等，如图 9-4 所示。

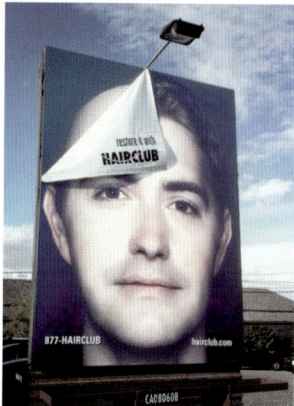

图 9-3

图 9-4

5. 单一类

单一类户外广告是指在购买户外媒体时单独购买的媒体，例如射灯广告、单立柱广告、霓虹灯广告、墙体广告和多面翻转广告牌等，如图 9-5 所示。

6. 组合类

组合类户外广告是指可以按组或套装形式购买的媒体，例如路牌广告、候车亭广告、车身广告、地铁机场和火车站广告等，如图 9-6 所示。

图 9-5

图 9-6

9.1.2　户外广告的特点

户外广告具有到达率高、视觉冲击力强、发布时段长、投入成本低、城市覆盖率高等特点。在户外广告中，路牌、招贴是最为重要的两种形式，使用范围非常广泛，影响巨大。如图 9-7 所示为设计出色的户外广告。

图 9-7

　　户外广告设计与其他广告设计相比，更具有特殊性。户外广告没有具体的尺寸规定，可以根据所处的位置以及客户要求来确定具体的尺寸。只需要将文件的分辨率设置在 72dpi 以上，以保证印刷质量。

9.1.3　户外广告的设计流程

　　户外广告不只需要考虑平面的版式效果，还需要结合具体的施工条件调整设计方案，只有设计与施工的完美结合才能成就成功的户外广告，其设计流程主要分为以下几个步骤。

1. 调研分析

　　这一阶段主要是根据广告客户的要求以及具体广告位的功能来确定设计规模，全面了解版面中各个构图元素的特征、功能、风格、社会历史背景、牌面材质等。还需要考虑到现场条件，如当地的人们对色彩的喜好、风俗习惯、电力供应等情况，进行综合分析之后再确定设计思路。

2. 设计构思

　　在了解了情况的基础上并完成研究分析之后，就进入了设计构思的阶段。根据牌面的结构形式和所需要表现的内涵来确定版面的表现方式，并绘制出设计草图。

3. 方案设计阶段

　　将研究分析落实在相应的广告牌面上，绘制出相应的平面及立体效果图，并将其物化，供广告客户审核。

4．绘制施工图

确定平面设计的方案之后，由施工方根据设计方案，进行设计程序中最后一个步骤，也就是绘制施工图，制定具体的施工方案。

5．施工阶段

当所有的设计程序都完成之后，由施工方组织安装人员根据施工图纸进行施工，完成户外广告的最终制作。如图 9-8 所示为设计出色的户外广告。

图 9-8

9.2　户外广告的版式设计特点

如今，众多的广告公司越来越关注户外广告的创意、设计效果的实现。各行各业热切希望迅速提升企业形象，传播商业信息。各级政府也希望通过户外 LED 看板广告来树立城市形象、美化城市。这些都给户外广告制作提供了巨大的市场机会，也因此提出了更高的要求。

9.2.1　户外广告的构成要素

户外广告的构图方式丰富多样，没有具体的约束，可以灵活运用。其中最为常见的有满版式构图、对角式构图、聚集式构图、导引式构图、立体式构图和自由式构图等类型。大部分的构图方式都要以简洁明了为基本要求。

文字、图像和色彩是户外广告设计的三大要素。

1．文字

与其他的广告不同，户外广告中的文字信息必须以简明扼要为基本要求，力求以最少的文字达到最有效的宣传效果，如图9-9所示。

图9-9

> **提示**
>
> 　　户外广告的文字内容集中在品牌名、产品名、企业名或标准统一的广告用语上，字体选择应该尽量单一化，不可以选择过多的字体，注意应用企业的标准字体。

2. 图像

　　由于户外广告必须在一瞬间抓住行人的眼球，因此广告中的图像要有极强的视觉冲击力，并且不能过于复杂，如图9-10所示。

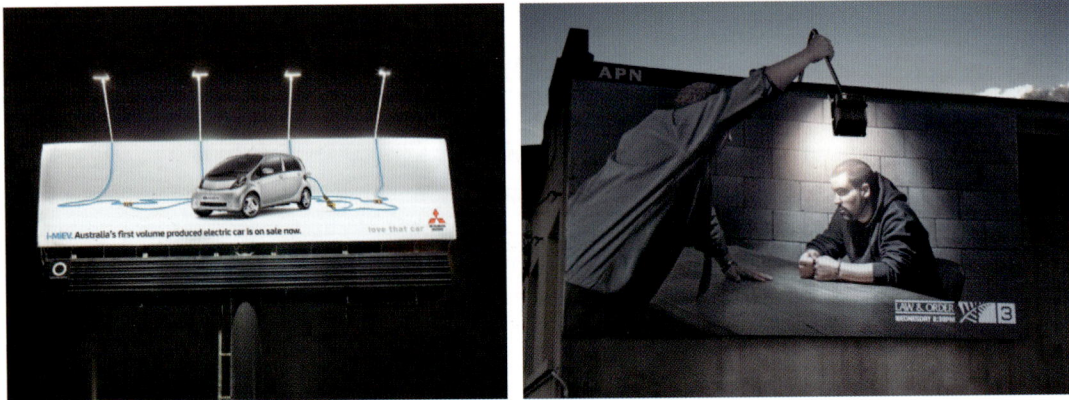

图9-10

3. 色彩

　　色彩是户外广告给人的第一印象，因此也是极为重要的元素。户外广告中的色彩应该能够非常准确地传递广告主题的情感，这样才能使人产生共鸣，并留下深刻印象，如图9-11所示。

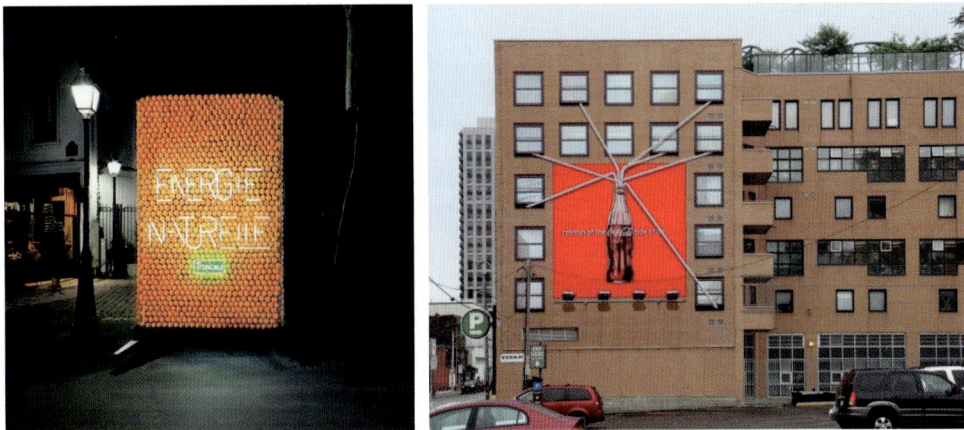

图 9-11

技巧 户外广告在色彩明度、纯度和色相等方面需要注意各因素彼此间的对比统一关系，注意运用企业和产品的标准色系或形象色彩。

9.2.2 户外广告的设计要点

由于户外广告针对的目标受众在广告面前停留的时间短暂且快速，可以接受的信息容量有限。而要使受众在短暂的时间中理解接受户外广告传递的信息，户外广告就必须更强烈地表现出给人提示和强化印象留存的作用。力求简洁和单纯，重点传达企业自身的品牌标志形象或产品形象，充分展现企业和产品的个性化特征，注重其直观性，表现手法的统一性和一贯性。

户外广告的设计定位，是对广告所要宣传的产品、消费对象、企业文化理念做出科学的前期分析，是对消费者的消费需求、消费心理等诸多领域进行探究，是市场营销战略的一部分；广告设计定位也是对产品属性定位的结果，没有准确的定位，就无法形成完备的广告运作整体框架。

在设计方面，一方面可以讲究质朴、明快、易于辨认和记忆，注重解释功能和诱导功能的发挥；另一方面能够体现创意性，将奇思妙想注入户外广告当中，如图 9-12 所示。

户外广告的设计可以增加一定的诱导性与互动性，可以用制作悬念的方式来诱导消费者的注意力，也可以在户外广告中开设有趣味的互动功能。如此一来，广告的目的达到了，公司也省去了一大笔的市场调查费用，可谓一举两得，如图 9-13 所示。

图 9-12

图 9-13

9.2.3 户外广告的视觉流程

　　户外广告的视觉流程与海报招贴设计的视觉流程比较相似。首先，需要有足够夺人眼球的视觉元素，例如巨大的尺寸、奇特的外形、与众不同的色彩、夸张的图形等，以引起行人的注意，如图 9-14 所示。但切记这些元素一定要符合广告的主题和风格，万万不可为了追求视觉的刺激而使用与主体不符的元素和表现手法，否则将会适得其反。

图 9-14

　　成功抢夺视线之后，就需要进一步让人明白广告要宣传什么，这时就需要用文字来进行具体说明。由于户外广告的特殊性，不允许读者有过多的时间来进行阅读，因此简单精准的文案是户外广告的重点，同时配合适当的字体、字号使信息的传达更有效，如图 9-15 所示。

图 9-15

最后需要对广告所宣传的产品或主题进行再次强调，强化读者记忆。

提示

大型的户外广告牌因为其尺寸比较大，通常都是采用喷绘的方式。喷绘机使用的介质一般都是广告布，包括外光灯布和内光灯布，前者用于普通画面，后者用于灯箱。墨水使用油性墨水，喷绘公司为了保证画面的持久性，一般画面色彩比显示器上的颜色要深一点。它实际输出的图像分辨率一般只需要 30 ～ 45dpi 即可。

9.3　房地产户外广告版式设计

户外围挡广告通常都不能设计得过于复杂，因为没有人会停下脚步仔细地看广告的内容，所以设计制作围挡广告时需要注意广告画面的精美流畅、主题内容的简洁，使人能够一眼就能明白广告的主题和含义。

9.3.1　项目分析

本案例所设计的房地产户外围挡广告，通过简洁的弧线进行构图，使整个广告版面非常流畅，设计精美的地产项目效果图，给人留下深刻的印象，搭配地产 Logo 和主题文字，简单明了地阐述广告主题。本案例所设计的房地产户外广告的最终效果如图 9-16 所示。

在该房地产户外广告版面中，主要是以该房地产项目的建筑效果图为主要素材，充分展示该房地产项目的精美效果和优秀品质，在版面中还使用了该房地产项目的 Logo 图片素材，加深受众对该房地产项目的印象。本案例设计的房地产户外广告所使用的素材如图 9-17 所示。

图 9-16

图 9-17

9.3.2 配色分析

本案例所设计的房地产户外广告的色彩搭配很好地表现出产品高贵奢华、无尽荣耀的特征。紫色象征着高贵；黄色占据整体图形中间位置，有种光芒四射的感觉；深蓝色表现出一种沉稳冷静，与黄色形成视觉上的冲击和对比。

RGB(223、192、93)　　　RGB(8、37、58)　　　RGB(116、83、146)

CMYK(15、25、70、0)　　CMYK(98、88、62、42)　　CMYK(64、73、13、0)

9.3.3　设计思路

❶ 该广告是一个户外工地的围挡广告，将广告尺寸设置为 1200mm x 340mm，远视性强，冲击力大，如图 9-18 所示。

❷ 配合广告的属性，选择该房地产项目的效果图作为版面的满版背景，给人很强的视觉冲击力，如图 9-19 所示。

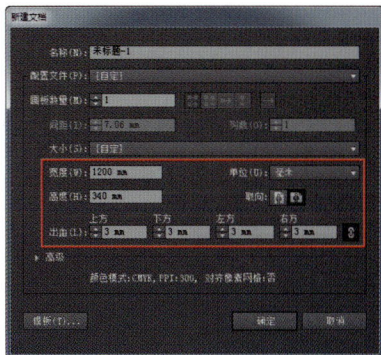

图 9-18

图 9-19

> **提示**
>
> 在设计户外广告时，依然可以采用分辨率为 300dpi 的方式进行制作，最终在进行喷绘输出时喷绘公司会根据情况将文件的分辨率降低到 30 ～ 45dpi。这样设计稿的尺寸就会非常大，能够适用于户外广告牌。另外，采用喷绘方式输出的户外广告在设计时可以不预留出血。

❸ 绘制曲线弧状色块来分割版面，将版面分割为上下两个部分，使广告版面表现出流动的动态感，如图 9-20 所示。

❹ 在版面中添加该房地产项目的 Logo 素材和简洁的广告宣传语，使整个广告版面的表现简洁、大方，主题突出、直观，如图 9-21 所示。

图 9-20

图 9-21

9.3.4　对比分析

在户外广告中，图形最能吸引人们的注意力，需要注意的是画面形象越繁杂，给人们的感觉越紊乱；画面越单纯，人们的注意值也就越高，设计师应力图给人们留有充分的想象空间。

设计初稿 >>>

① 在广告版面中将广告语放置在版面的左上方，导致广告版面下方过于空旷，使得整个广告看起来非常不协调。

② 在广告版面上方使用了普通的矩形色块，与背景的满版图片分割不明显，感觉色块与图片都混在一起，画面完全失去了活力。

最终效果 >>>

1 将广告版面中的宣传语叠加放置在满版图片上方，与图片相辅相成，更好地阐述广告版面的主题。

2 在广告版面中通过流畅的圆弧状图形给整个广告版面带来一种流动的动态感，打破了整个版面的沉闷。

9.4　手机户外灯箱广告版式设计

每一个户外广告都是一件街头艺术品，户外广告画面应该具有较强的视觉中心，并力求新颖，此外还必须具有独特的艺术风格。

9.4.1　项目分析

本案例所设计的手机户外灯箱广告，将手机产品放置在画面的中心位置，占据整个版面较大的面积，非常醒目，搭配具有街头特色的背景图像，使版面表现出一种校园、时尚的氛围，版面中的主题文字则采用大号描边文字，并对文字进行倾斜处理，使得主题文字给人很强的动感效果，整个广告画面给人感觉时尚而动感。本案例所设计的手机户外灯箱广告的最终效果如图 9-22 所示。

图 9-22

本案例所设计的手机户外灯箱广告其主题是为了宣传和推广最新款的手机产品，所以该广告设计中手机产品图片当然是最重要的素材，为了配合版面的表现效果，还使用了一些街头和舞蹈人物的素材图片来渲染出时尚、动感的氛围。本案例设计的手机户外灯箱广告所使用的素材如图9-23所示。

图9-23

9.4.2　配色分析

本案例所设计的手机户外灯箱广告，其手机产品的定位就是针对年轻人的炫彩个性风格，所以在广告版面的设计中也使用了多种纯度和明度较高的色彩进行搭配，包括蓝色、橙色、紫色等，使版面表现出一种炫彩和时尚的视觉效果。

RGB(0、78、162)
CMYK(94、74、8、0)

RGB(234、84、21)
CMYK(8、80、95、0)

RGB(96、25、134)
CMYK(78、100、13、0)

9.4.3　设计思路

❶ 该广告主要放置在路边及公交站台的小型灯箱中，因此将尺寸设置为2100mm×3100mm，如图9-24所示。

❷ 为了配合该手机产品的定位，使用与年轻、时尚相关的一些图片素材作为版面的背景，渲染整个广告画面的氛围，如图 9-25 所示。

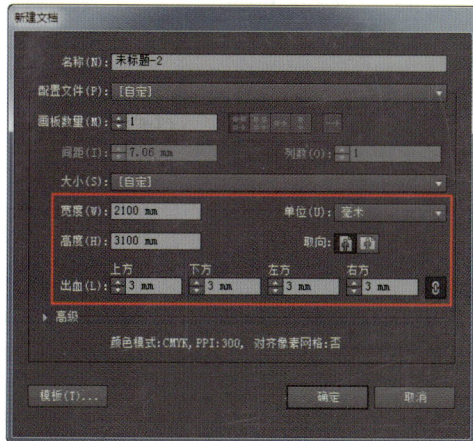

图 9-24

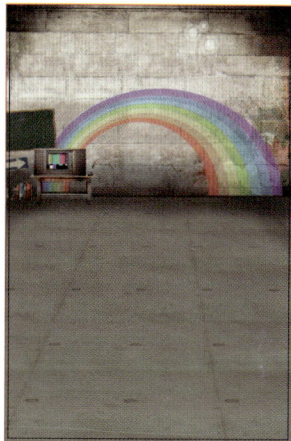

图 9-25

❸ 在版面的正中间位置放置产品图片，产品图片占据较大的面积，给人直观的视觉效果，如图 9-26 所示。

❹ 在产品上方使用大号粗体文字表现广告的主题，将主题文字设置为不同的色彩，并进行倾斜处理，使版面表现出动感和时尚的效果，如图 9-27 所示。

❺ 在广告版面的其他位置分别添加其他的相关内容，使整个版面表现出年轻、时尚的风格，如图 9-28 所示。

图 9-26

图 9-27

图 9-28

技巧 在设计户外灯箱广告时，设计师需要考虑到夜晚开灯后的效果，广告版面中的色彩不能设置得太浅淡，否则在夜晚开灯的状态下会影响广告的表现效果。

9.4.4 对比分析

户外广告具有传播力强、成本低的特点，有利于开拓市场，提高企业知名度。户外媒体广告的表现方式多种多样，而且也具有其他媒体广告无法达到的效果。

设计初稿 ▶▶▶

最终效果 ▶▶▶

① 在版面的中间位置放置产品图片，并且将产品图片与产品的不同色彩图片放置在一起，大小差别不大，这就造成了尺寸大小对比不明显，产品的表现效果不够突出。

② 在版面中使用粗体白色文字表现主题内容，白色文字在图片背景中的显示效果不是很清晰，并且与广告版面的氛围不符。

③ 在版面下方放置手机功能说明内容，文字内容较大，显得突兀。

① 在版面中间位置放置产品图片，并且将产品图片与产品颜色图片进行大小对比，重点突出产品表现效果。

② 将版面中的主题文字使用不同的色彩进行表现，并且将文字进行倾斜处理，表现效果更加突出。

③ 在版面下方使用较小的文字来表现产品功能说明内容，做到主次有序。

第10章

宣传画册的版式设计

　　宣传画册不是一般的商品，而是一种文化。因此在宣传画册的版式设计中，哪怕是一根线、一行字、一个抽象符号或一两块色彩，都需要具有一定的设计思想。既要有内容，又要具有美感，从而使宣传画册达到雅俗共赏。

　　本章将向读者介绍宣传画册版式设计的相关知识和内容，并通过商业案例的分析讲解，使读者能够更加深入地理解宣传画册版式设计的方法和技巧。

LAYOUT DESIGN

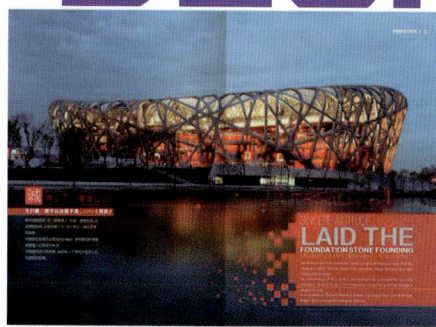

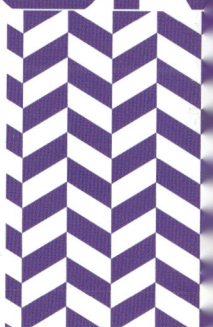

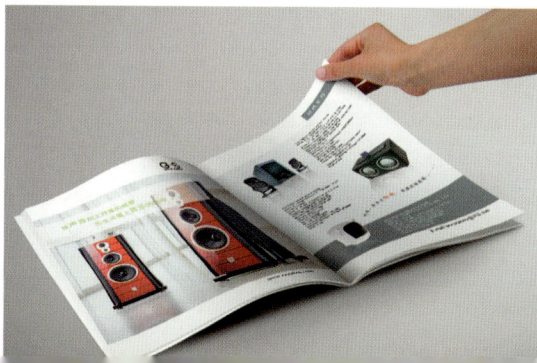

10.1　宣传画册版式设计概述

　　宣传画册是企业的一张名片，它包含着企业的文化、荣誉和产品等内容，展示了企业的精神和理念。宣传画册必须能够正确传达企业的文化内涵，同时给受众带来卓越的视觉感受，进而达到宣传企业文化和提升企业价值的作用。

10.1.1　宣传画册的内容与形式

　　宣传画册是使用频率较高的印刷品之一，内容包括单位、企业、商场介绍，文艺演出、美术展览内容介绍，企业产品广告样本，年度报告，交通、旅游指南等，如图 10-1 所示。

图 10-1

　　宣传画册易邮寄、归档，携带方便，有折叠（对折、三折、四折等）、装订、带插袋等形式，大小常为 32 开、24 开、16 开，当然也可以根据信息容量、客户需求、设计创意等具体情况自定义尺寸，如图 10-2 所示。

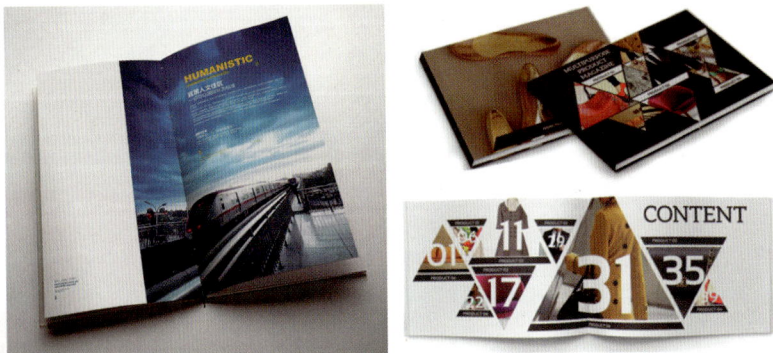

图 10-2

10.1.2　宣传画册的版式类型

在宣传画册的版式设计中，版式的类型可分为骨骼型、满版型、上下分割型、左右分割型、中轴型、曲线型、倾斜型、对称型、重心型、三角型、并置型、自由型和四角型 13 种，简单介绍如下。

骨骼型：骨骼型版式是规范的、理性的分割方法。常见的骨骼有竖向通栏、双栏、三栏和四栏等，一般以竖向分栏为主。图片和文字的编排上，严格按照骨骼比例进行编排配置，给人以严谨、和谐和理性的美。骨骼经过相互混合后的版式，既理性有条理，又活泼而具有弹性。

满版型：版面以图像充满整版，主要以图像为诉求，视觉传达直观而强烈。文字配置压置在上下、左右或中部（边部和中心）的图像上。满版型给人大方和舒展的感觉，是商品广告常用的形式。

上下分割型：整个版面分成上下两部分，在上半部或下半部配置图片（可以是单幅或多幅），另一部分则配置文字。图片部分感性而有活力，而文字则理性而静止。

左右分割型：整个版面分割为左右两部分，分别配置文字和图片。左右两部分形成强弱对比时，造成视觉心理的不平衡。这仅是视觉习惯（左右对称）上的问题，不如上下分割型的视觉流程自然。如果将分割线虚化处理，或用文字左右重复穿插，左右图与文字会变得自然和谐。

中轴型：将图形进行水平或垂直方向排列，文字配置在上下或左右。水平排列的版面，给人稳定、安静、平和与含蓄之感；垂直排列的版面，给人强烈的动感。

曲线型：图片和文字排列成曲线，产生韵律与节奏的感觉。

倾斜型：版面主体形象或多幅图像作倾斜编排，造成版面强烈的动感和不稳定因素，引人注目。

对称型：对称的版式，给人稳定和理性的感受。对称分为绝对对称和相对对称。一般多采用相对对称的手法，以避免过于严谨。对称一般以左右对称居多。

重心型：重心型版式产生视觉焦点，使其更加突出。向心是视觉元素向版面中心聚拢的运动；离心是犹如石子投入水中，产生一圈一圈向外扩散的弧线运动。

三角型：在圆形、矩形或三角形等基本图形中，正三角形（金字塔形）最具有安全稳定的因素。

并置型：将相同或不同的图片进行大小相同而位置不同的重复排列。并置型的版面有比较和解说的意味，给予原本复杂喧闹的版面以秩序、安静、调和与节奏感。

自由型：无规律的、随意的编排构成，有活泼和轻快的感觉。

四角型：版面四角以及连接四角的对角线结构上编排图形，给人严谨和规范的感觉。

10.1.3　宣传画册的版面诉求要点

宣传画册可以建立受众对企业（组织、产品等）的第一印象，能否把企业或产品的优越性、益处淋漓尽致地表现出来，打动受众是非常关键的，设计师要针对人性的特点，使用各种手段着力情感诉求，以情感人，以情动人，以利诱人，引领受众由看到读，然后判断决定，空泛的宣传不可能有效地激发受众的情绪和欲求。

1. 具有亲和力

以美好的情感烘托宣传主题，选用情切意浓的文字、图片作为版面内容，追求文学性的意境与诉求，可以出奇制胜，赢得受众的认同。偶像明星作为形象代言人也会产生很强的心理感召力，有润物细无声的功效，可以拉近设计与受众的距离，使消费者在熟悉的家常似的阅读中留下对企业（产品）的美好印象。一些大众喜闻乐见的形象，具有幽默感的图片，充满温馨、圆满情愫的图文排列方式，都能够营造出亲切、愉快的版面氛围。如图 10-3 所示为具有亲和力的宣传画册版面设计。

图 10-3

2. 突出表现受益

宣传画册的目的是推销，一个高明的设计师常常会绞尽脑汁于如何在版面构成中突出产品的特性，强调给消费者的利益、好处、承诺。使用直白的文字，利用人们对形色的联想，或是直接夹带小礼品等，都会让受众对商家的真情实意有切实体验，避免煽情流于空泛，如图 10-4 所示。

图 10-4

10.1.4　宣传画册的设计流程

宣传画册设计是一项较为复杂的工作，由于其程序繁多，大致可以按如下的流程进行设计制作。

1. 确定风格

首先需要确定整本画册的风格。设计师需要深刻理解主题，找到表现的重点，从而确定整体画册的基调。

2. 分解信息

通过对画册信息的分解整理，使主题内容变得条理化、逻辑化，寻找内在的关系。

3. 确定符号

把握贯穿整本画册的视觉信息符号，可以是图像、文字、色彩、结构、阅读方式、材质工艺等，整本画册需要统一。

4. 确定表现形式

创造符合表达主题的最佳表现形式，按照不同的内容赋予其合适的外观。

5. 语言表达

信息逻辑、图文符号、传达构架、材质性格、翻阅秩序等都是宣传画册的设计语言。

6. 具体设计

将画册的主题、形式、材质、工艺等特征进行综合整理，通过具体的设计，将心中的画册物化。

7. 阅读检验

阅读整个设计稿，从整体性、可视性、可读性、归属性、愉悦性、创造性 6 个方面去检验。

8. 美化版面

通过宣传画册版式设计将信息进行美化，使画册展现出更加丰富的内容，并以易于阅读、赏心悦目的表现方式传达给读者，如图 10-5 所示。

图 10-5

10.2   宣传画册的版面构成要素

宣传画册版式设计的构成要素分为文字、图形、色彩等，需要根据宣传画册的不同性质、用途和受众，将三者有机地结合起来，表现出宣传画册的丰富内涵，并以传递信息为目的，用美感的形式呈现给读者。

10.2.1   图片

图片好坏是决定宣传画册成败的重要因素，图片风格前后一致，并注意与企业形象要求、相关设计风格相吻合。其中表现产品的大小比例要一致，这样设计出来的版面系统、规律、严谨、易读。如图 10-6 所示为画册中使用的精美图片。

图 10-6

10.2.2   文字

文字选择要符合企业（或产品）特点，或时尚，或古典，或高档，基本字体的运用要保持一致，产品的名称可以使用粗体或另一种字体进行强调。说明文字的排列可以位于图片旁边，也可以置于其他位置，只要与图片对应的标号相同，顾客也就一目了然，版面颜色不宜过多，否则会降低宣传内容本身的吸引力。如图 10-7 所示为画册中清晰、直观的文字排版。

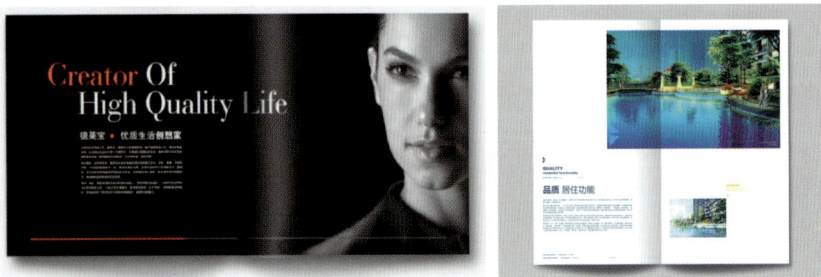

图 10-7

10.2.3　广告语

心理学研究表明，6 个字左右的广告语诱读性最强，对于版面不大的宣传画册，版面中过多的广告文字只会平添疲倦，减弱记忆。为了增强版面的诱读性，设计时可以把广告内容分解于宣传画册的各个版面，使它们产生连续系列效果，引导读者依序阅读并始终保持耐心和兴趣，让宣传内容以逐步渗透的形式进入读者心中。如图 10-8 所示为画册中的广告语设计。

图 10-8

10.2.4　多个页面的统一

宣传画册通常有多个版面，它们之间需要能够相互呼应，能够建立起整体和谐的视觉效果，排版中同一张图片的变化使用，布局、装饰手法的一致，同一背景图案的贯穿等都是行之有效的方法。如图 10-9 所示为画册中的多个页面保持统一风格。

图 10-9

10.3　产品手册版式设计

　　产品手册也属于宣传画册的一种，在产品手册的版式设计中通过版式的编排来组织大量产品信息内容，以简洁、流畅作为产品手册编排的标准，不能过于花哨，要保证读者能够清晰地了解产品的相关信息内容。

10.3.1　项目分析

　　本案例设计的是一款剃须刀产品宣传手册、主要包装封面以及部分内页。在该产品手册的设计中，通过图文相结合的编排方式全面地展示产品的性能和技术参数，使读者对产品有更加深入的了解。在产品手册的排版过程中使用了一些经过处理后的产品图片，从而使产品的表现效果更加突出，吸引用户的关注。整个产品宣传手册的版式设计给人感觉简洁、大方，内容清晰，产品突出。本案例所设计的产品手册的最终效果如图 10-10 所示。

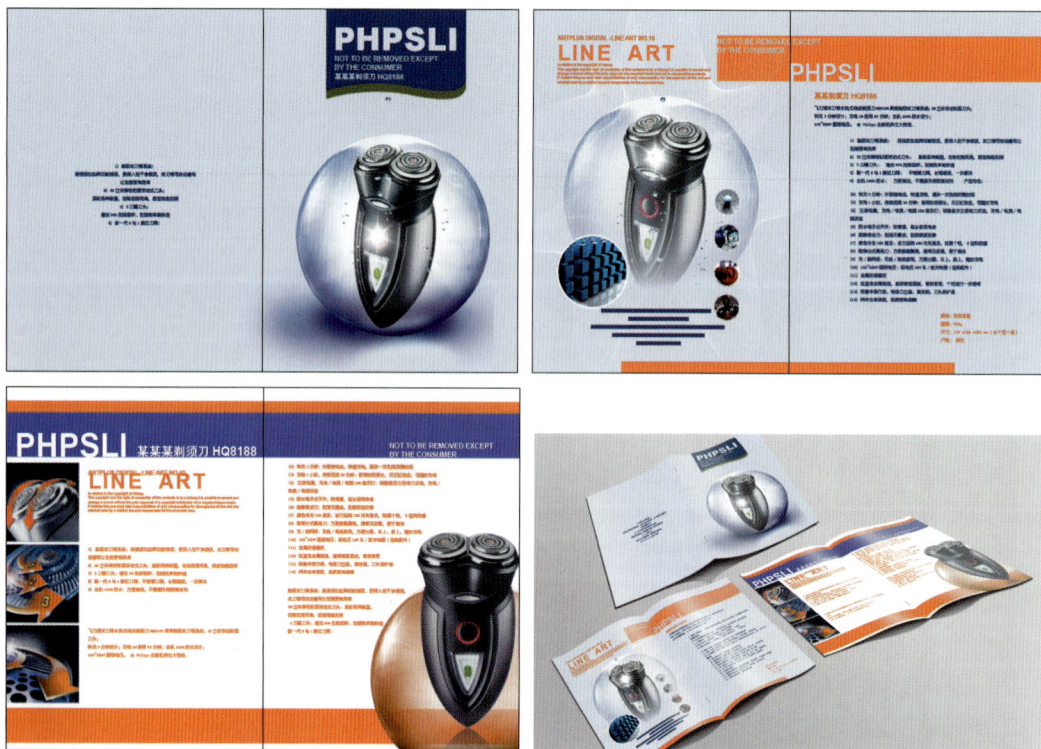

图 10-10

在本案例所设计的产品宣传手册中主要是以产品图片为主，包括产品不同角度的展示图片以及产品局部放大的图片等，为了使产品的表现效果更加精美和突出，在版面中还使用了一些辅助纹理素材，从而使产品手册的表现效果更加突出。本案例设计的产品手册所使用的素材如图 10-11 所示。

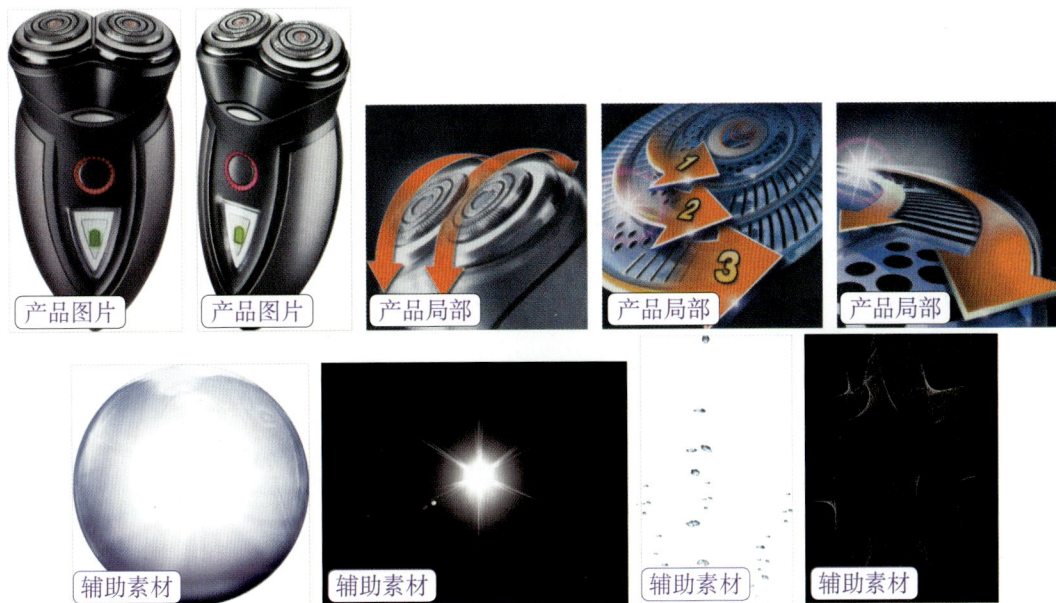

图 10-11

10.3.2　配色分析

本案例所设计的产品手册使用浅灰蓝色作为版面的背景主色调，浅灰蓝色给人感觉温和、朴实、不刺激，在版面中搭配呈现强烈对比的蓝色和橙色，使版面中的内容层次非常清晰，使用蓝色色块则搭配橙色的正文内容，使有橙色色彩则搭配蓝色的正文内容，使版面的内容非常清晰、抢眼，整个产品手册给人感觉自然、大方，内容层次清晰、易读。

RGB(209、218、234)　　　RGB(0、48、91)　　　RGB(223、107、44)
CMYK(22、12、4、0)　　　CMYK(100、91、51、16)　　CMYK(15、70、86、0)

10.3.3 设计思路

❶ 将该产品手册的尺寸设置为常规标准尺寸 210mm×285mm，适合图片较多的读物，并且需要为四边各预留 3mm 的出血区域，如图 10-12 所示。

❷ 此处使用排版软件 InDesign 对该产品手册进行排版制作，首先需要在"页面"面板中将页面调整为跨页的形式，如图 10-13 所示。

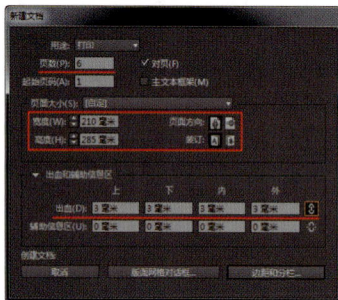

图 10-12

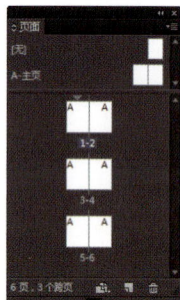

图 10-13

技巧 画册、杂志、报纸、书籍这一类页面比较多的印刷品，通常使用专业的排版软件进行排版设计，如 InDesign，因为 InDesign 中有非常强大的文字处理和页面编排功能，能够大大提高编排效率。当然，对于页面较少的画册等印刷品，也可以使用 Illustrator 来进行排版设计。

❸ 在第 1 页和第 2 页中分别制作该产品手册的封面和封底。封面和封底采用简洁的编排设计方式，使用居中对齐的编排方式放置产品图片和品牌名称等内容，使版面中的产品效果非常突出，如图 10-14 所示。

❹ 接下来对产品手册的内页进行编排。通过使用矩形色块横跨左右两个页面，使跨页之间形成一个整体，在左侧页面中放置产品图片，通过圆形小图片的编排，使版面显得活跃，如图 10-15 所示。

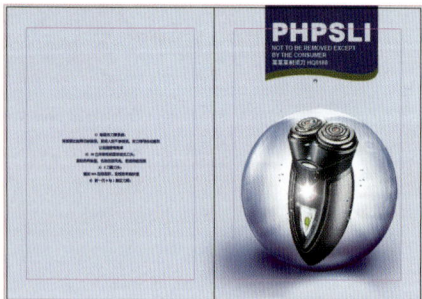

图 10-14

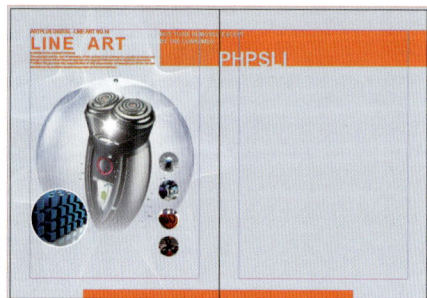

图 10-15

⑤　在右侧页面中放置该产品的介绍文字内容，产品名称与介绍文字内容使用对比的文字颜色，在版面中的表现效果清晰、直观，如图 10-16 所示。

⑥　手册中其他的内页采用相同的设计风格，但为了使每个页面既能够保持整体风格的统一，又具有独立的个性，在版面设计中使用了不同的排版方式，但整体风格是一致的，如图 10-17 所示。

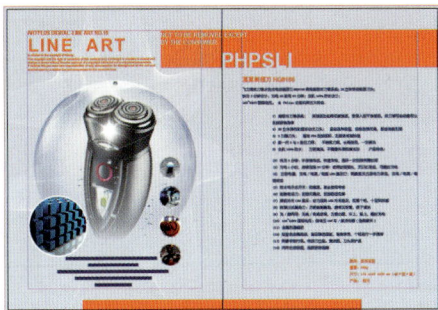
图 10-16

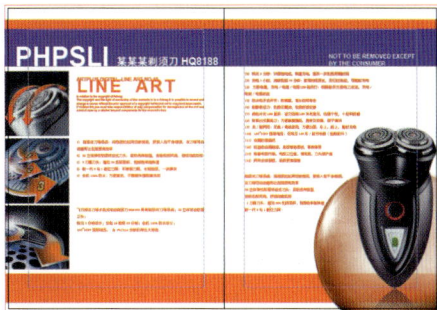
图 10-17

10.3.4　对比分析

在产品手册的版式设计过程中，文字与图片的排版至关重要，良好的版式可以使产品手册的内容整齐、直观，可以说良好的版式是产品手册成功的一半。

设计初稿 >>>

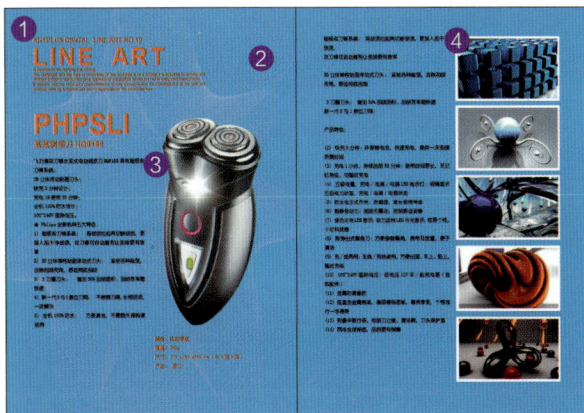

① 使用纯度较高的蓝色作为版面的背景主色调，与版面中的橙色标题文字形成对比，但正文部分的黑色文字显得不是很清楚。

② 在版面标题部分的处理上使得左右两页没有产生相应的联系，看起来似乎是两页不同的内容。

③ 在版面中放置产品的去底图片，并没有进行任何的修饰，使产品图片的表现效果显得单调。

④ 将产品相关的图片放置在右侧页面中，按垂直方向排列在右侧，与产品图片没有任何联系。

最终效果 >>>

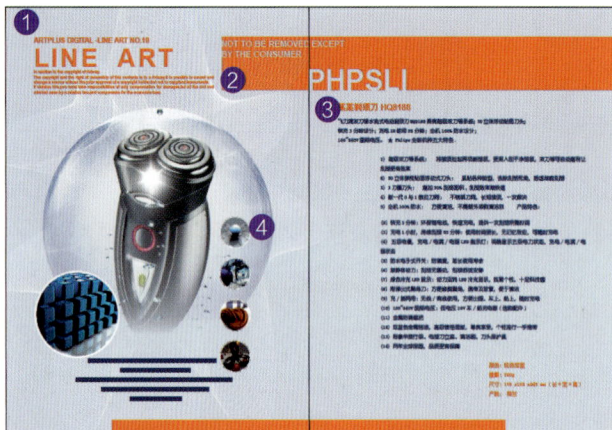
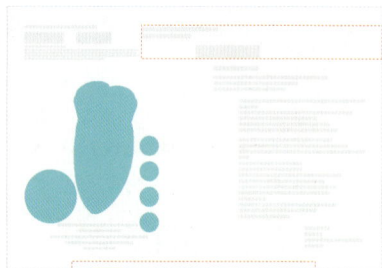

① 使用浅灰蓝色作为版面的背景主色调，版面的背景表现清晰、柔和，版面中文字和图形的表现效果更加清晰。

② 在版面上方使用矩形色块与标题文字相结合，使左右两页形成一个整体，从而将两个页面联系起来。

③ 在左侧页面放置产品图片，右侧页面放置产品的介绍信息，并且将文字颜色设置为深蓝色，与标题的橙色形成对比，表现效果清晰。

④ 在产品图片的表现上，使用相同的图形进行辅助，并且将与产品相关的图片通过圆形图片的方式围绕在主体产品周围，使产品的表现效果突出。

10.4　产品宣传画册版式设计

产品宣传画册的主体对象是需要宣传推广的产品，所以在产品宣传画册的版式设计中需要根据产品的性质、功能以及受众人群的特点来选择合适的表达方式，重点突出产品的表现效果。

10.4.1　项目分析

本案例设计的是一款音箱产品的宣传画册，在该画册版面的设计中充分运用自由的排列方式在版面中对产品图片进行排版处理，在版面中还通过添加相应的圆弧状曲线和正圆图形，清晰地划分版面中的内容信息，并且使版面充满流动的韵律美感。为了使版面中产品的表现效果更加突出，并且使版面产生空间感，为每个产品图片都制作了镜面投影效果，使整个版面看起来更加美观，富有空间层次感，给人以宁静、悠闲、优美的感受。本案例所设计的产品宣传画册的最终效果如图 10-18 所示。

图 10-18

　　在产品宣传画册中需要突出表现的当然是产品图片，在该音箱产品宣传画册中所使用的素材都是该品牌的音箱产品图片，但在排版处理过程中会根据版面的需要对产品图片进行不同的处理方式，有大有小，这样才能够突出重点产品的表现。本案例设计的产品宣传画册所使用的素材如图 10-19 所示。

图 10-19

图 10-19(续)

10.4.2　配色分析

在产品宣传画册中拥有较多的产品图片，不适合使用过于复杂的背景或过多的色彩，通常使用纯色作为版面背景，突出表现版面中的产品图像。在该音箱产品宣传画册中使用纯白色作为版面的背景主色调，使版面中的产品图像表现效果非常突出、醒目，版面中的文字主要使用黑色的文字，特殊的重要文字则采用了红色，使版面的表现效果非常清晰、直观。

RGB(255、255、255)
CMYK(0、0、0、0)

RGB(230、0、18)
CMYK(0、100、100、0)

RGB(99、115、123)
CMYK(23、0、0、65)

10.4.3　设计思路

❶ 将该产品宣传画册的尺寸设置为常规标准尺寸 210mm×285mm，适合图片较多的读物，并且需要为四边各预留 3mm 的出血区域，页面四边的边距均为 10mm，如图 10-20 所示。

❷ 此处使用的是专业排版软件 InDesign 对该产品宣传画册进行排版制作，首先需要在"页面"面板中将页面调整为跨页的形式，如图 10-21 所示。

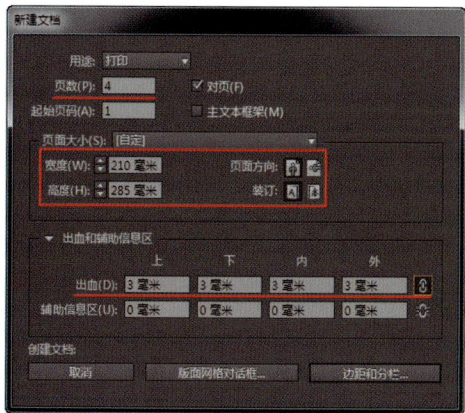

图 10-20

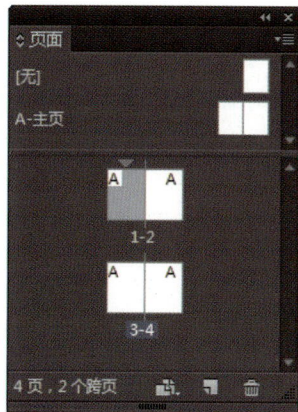

图 10-21

❸ 该宣传画册是对该品牌的音箱产品进行宣传介绍，因此选择该品牌的音箱图片作为版面的主要素材。为版面中的素材图片制作镜面投影效果，使版面具有空间感，如图 10-22 所示。

❹ 在版面中绘制一些圆弧状曲线和圆形图形，一是用于划分不同的产品内容区域，二是可以使版面增添柔美的韵律感，与所要表现的音箱产品相符，如图 10-23 所示。

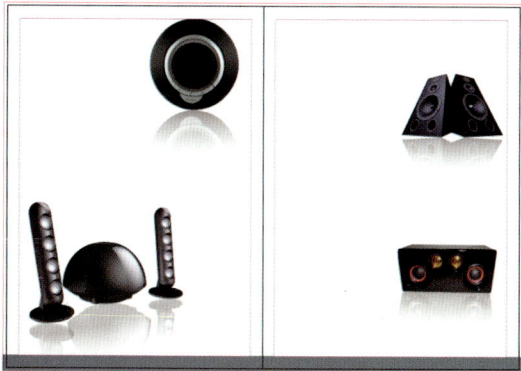

图 10-22

图 10-23

❺ 结合产品在版面摆放的位置，为各产品添加相应的说明文字内容，使用左对齐排列，采用常规的字体，产品信息的表现效果非常清晰，并且能够清楚地知道哪些说明内容与产品图片相对应，如图 10-24 所示。

❻ 该宣传画册的其他内页版面使用相同的设计风格，在一些版面中还可以适当地应用满版大图的对比来突出表现重点产品，如图 10-25 所示。

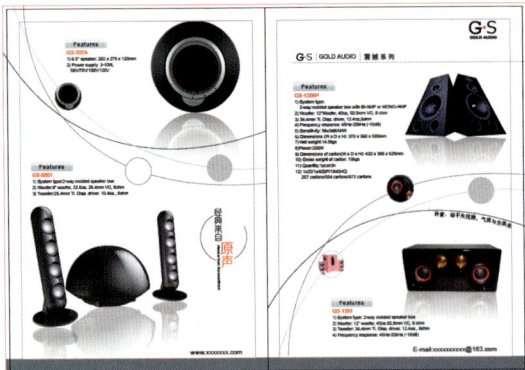

图 10-24

图 10-25

10.4.4 对比分析

在对产品宣传画册的版式进行设计时，需要根据不同的风格定位，对栏数、图像、字体等元素进行灵活的编排，使版面整体在统一中富有变化，从而保证读者的阅读兴趣。

设计初稿 >>>

① 使用较为粗壮的黑体字作为版面标题的字体，黑体字给人粗壮、有力之感，与音乐给人的优美感觉不符。

② 在版面中规则地排列产品图片和信息，虽然产品信息的表现清晰，但版面显得比较呆板。

③ 在版面中简单地放置产品的去底图片，并没有对产品图片进行处理，产品图片的表现效果一般。

④ 在版面中使用直线来分割不同产品的信息，过于单调。

最终效果 》》》

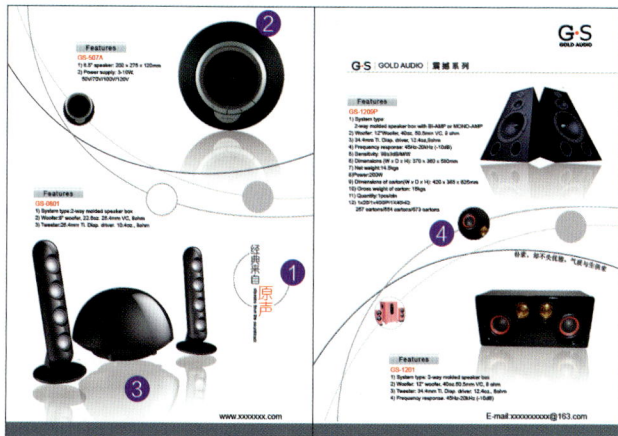

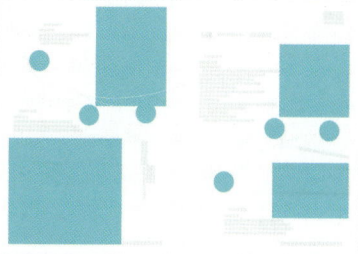

① 在版面中使用柔美的细线字体来表现标题文字，使版面给人一种柔美感。

② 版面中的产品信息采用自由编排的方式，在版面中进行自由排列，给人一种随性、舒适的感觉。

③ 为版面中的产品图片制作镜面投影效果，能够使版面表现出空间感，并且能够大大增强产品的表现效果。

④ 在版面中使用弧状线条对产品信息进行区分，也能够对版面起到装饰作用，使版面产生流动的韵律感。

第11章
杂志的版式设计

　　杂志的版式设计包含了封面与内页两个部分，它们需要与杂志的文化内涵相呼应。通过丰富的表现手法和内容，使对视觉思维的直观认识与推理认识达到高度的统一，以满足读者认知的、想象的、审美的多方面要求。

　　本章将向读者介绍杂志版式设计的相关知识和内容，并通过商业案例的分析讲解，使读者能够更加深入地理解杂志版式设计的方法和技巧。

LAYOUT DESIGN

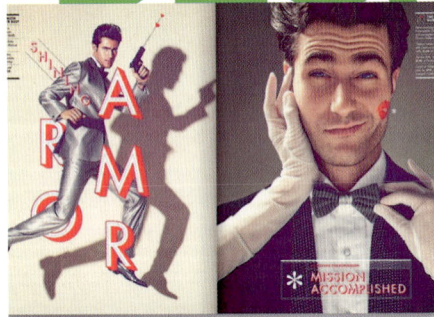

11.1　杂志版式设计概述

杂志设计包括杂志封面设计、杂志版式设计以及杂志广告设计等。所谓杂志的版式设计，即印刷杂志内页的版面设计，是经过多年发展逐渐形成的一种独特的设计领域。杂志版式设计主要针对版面中的图像与文字等设计元素，其目的是将各种元素经过设计师的精心编辑后，能够更好地体现印刷出版物版面的内容与所要表达的主题。

11.1.1　常见杂志版面尺寸

杂志版面的规格是以杂志的开本为准，主要有 32 开、16 开、8 开等，其中 16 开的杂志是最常见的。细心的读者会发现，同样是 16 开的杂志，大小也是不一样的，原因是 16 开的杂志开本，又可以分为正度 16 开和大度 16 开，这就要求设计师在设计广告作品之前，首先弄清楚杂志的具体版面尺寸。32 开的版面尺寸为 203mm×140mm，8 开的版面尺寸为 420mm×285mm，正度 16 开的版面尺寸为 185mm×260mm，大度 16 开的版面尺寸为 210mm×285mm，目前我国使用最广泛的是大度 16 开的杂志版面尺寸。

11.1.2　杂志媒体的特点

杂志没有报纸那样的快速性、广泛性、经济性的优势，然而它有着自身的优势，主要表现在以下几个方面。

1.　细分化媒体

"定位准确，专业性强"是杂志媒体的一大特点。杂志是面向特定目标对象的细分化媒体，例如摄影类杂志，该杂志的读者几乎都是专业的摄影人员或摄影爱好者。同时，这些人又都是摄影和器材的目标消费群体。因此，在杂志中投放广告，命中率比较高。如果某一杂志的读者群和某一产品的目标对象一致，它自然将成为该产品比较理想的广告投放媒体。

2.　媒介品质较高

杂志广告是所有平面广告中最精美的。由于杂志的图片质量较高，所以增加了杂志信息传达的感染力，丰富了信息传达的手段，这是报纸所没有的优势。现在有很多人看杂志，其实就是在看图片，很多人收藏杂志也正是这个原因。有很多杂志，翻开里面的内容几乎全是广告，但人们依然乐此不疲地购买，这正是因为杂志广告的图片是非常漂亮的。通过高质量的、细腻又精美的图片，可以给消费者很强的视觉冲击力，并留下深刻的印象，最终促使其购买。如图 11-1 所示为精美的杂志广告图片。

图 11-1

3. 传阅率和反复阅读率高

杂志的生命周期长，一本好的杂志经常在同事、朋友间相互传阅，也是常有的事情。所以，杂志信息可以多次接触消费者，让消费者快速记忆，因此它是理解度较高的媒体。

4. 付费媒体

十分重要的一点，杂志是个人出钱购买的读物，读者较为主动地接受信息，也会比较主动地接受杂志广告所传达的信息。另一方面，购买杂志文化层次较高的人群多于文化层次较低的人群。所以，一些高档产品的广告，似乎刊登在杂志上更有效一点。例如，汽车、数码产品、服装、其他奢侈品等。

11.1.3 杂志版式设计元素

杂志版式设计是杂志设计中的重要内容之一，版式设计有时比封面设计还要重要，它直接影响到读者的阅读效果，一本好的杂志应该对内文版式的字体、字号、字距、行距以及版心的大小位置包括与图片、图形的组合认真推敲，最大限度地满足读者阅读的需要。如图 11-2 所示为精美的杂志版式设计效果。

提示

一般来说，对于多页面、大面积的文本排版情况，目前应用最为广泛的书报排版软件有 InDesign、国内的方正飞腾等。如果排版的图较多，文字较少，可以选用 CorelDRAW、Illustrator 等软件。

　　杂志内页版式的设计对象包括版权页、目录、栏目、页码、小标题、引文等，从阅读的顺序来看，依次是图片、大标题、小标题、表格、内文。此外，对于每页或每篇文章的设计更多是从小处着手，设计上主要集中于对图片、标题、正文的处理。

图 11-2

1. 栏目名称

　　杂志的信息量越大就越需要简洁、明确的版块栏目，通常栏目名称都放在页面的最上面，每个栏目是否需要不同的色彩则根据杂志的大小而定，关键是要确定一个栏目是采用一个主标题还是采用正副标题，正标题是整个栏目的主题，副标题则是与每页内容相关的标题。

2. 文章标题

　　能够刺激读者联想、激发读者兴趣的标题应该可以称为成功的标题。标题可以是著名的图书、影片及歌曲的名称，有时也可以运用一语双关的手法。

3. 小标题

　　小标题主要是为了分割长篇文章。小标题有两种，一种是标志着文章下一部分的开始，从设计角度讲，这样的小标题不可以移动；另一种是可以移动的小标题，设计上可以把它插入任何位置，其作用是把大块的文章切割开来。标题内容往往是文章内容的摘要。

4. 页码

　　页码是杂志中最不可缺少的元素，它的作用是为了便于读者选择阅读。页码的位置不追求特立独行，一般放在每页底部的外端或中间。如果杂志分成不同的栏目版块，也可以把页码放在顶部。如图 11-3 所示为精美的杂志版式设计效果。

图 11-3

11.1.4　杂志版式的设计流程

　　杂志版式设计是一项较为复杂的工作，包含了封面以及内页的设计。其设计程序主要分为以下步骤。

1.　确定杂志基调

　　根据杂志的行业属性、市场定位、受众群体等因素，找出该杂志版面表现的重点，确定杂志的基调。如图 11-4 所示为一个时尚个性的男性杂志版式设计。

图 11-4

2.　确定开本形式

　　根据杂志的定位，确定合适的开本规格及形式。在行业特性的基础上，结合读者的阅读性与视觉传达设计进行创意和创新。如图 11-5 所示为不同开本尺寸的杂志版面。

图 11-5

3.　确定封面的版式风格

根据杂志定位确定杂志封面的设计风格，刊名的字体设计和封面设计是设计的重点。如图 11-6 所示为不同风格杂志的封面设计。

图 11-6

4.　确定内页的版式风格

确保内页中各大版块设计风格的统一性，并在此基础上进行版块独特性的创新与设计。字体的大小与内容版块的编排要符合杂志的阅览特性和专业属性，使版块结构更有节奏感，保证阅读的流畅性。如图 11-7 所示为不同的内页排版风格。

5.　确定图片的类型

根据杂志的主要内容选择主要的图片类型。以适合版面风格、体现版面内容为重点，图片的精度必须保持在 300dpi 以上，以保证印刷质量。如图 11-8 所示为杂志版式设计中精美的图片应用。

图 11-7

图 11-8

6. 具体设计

　　将杂志的主题、形式、材质、工艺等特征进行综合整理，并进行具体设计。设计过程中务必要保证杂志的整体性、可视性、可读性、愉悦性和创造性，从而达到主次分明、流程清晰合理、阅读流畅的视觉效果。如图 11-9 所示为不同主题的版式设计。

图 11-9

11.2　杂志版式设计原则

　　杂志的版式设计应该根据杂志的开本、外形、内容和受众群体，确定设计的风格。针对版面需要，将图文信息进行编排组合，使页与页之间形成连续、清晰、顺畅的视觉效果。根据不同的内容，也需要展现不同的个性，使整体在统一中富有变化，这样才能使读者保持新鲜感，产生继续阅读的欲望。

11.2.1　拥有鲜明突出的主题

　　杂志版式设计的最终目的是使版面产生清晰的条理性，用悦目的组织来更好地突出主题，达成最佳的诉求效果。它有助于增强读者对版面的注意，增进对内容的理解。要使版面获得良好的诱导力，鲜明地突出诉求主题，可以通过版面的空间层次、主从关系、视觉秩序以及彼此间的逻辑条理性的把握与运用来达到。按照主从关系的顺序，通过放大主体形象使其成为视觉中心，以此来表达主题思想。将文案中多种信息进行整体编排设计，有助于主体形象的建立。在主体形象四周增加空白区域，使被强调的主体形象更加鲜明突出。如图 11-10 所示为突出主题的版式设计。

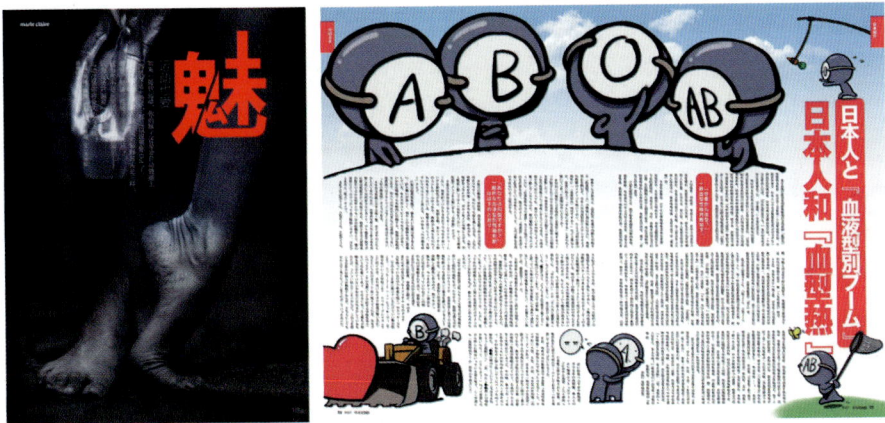

图 11-10

11.2.2　内容与形式的统一

　　版式设计所追求的完美形式必须符合主题的思想内容，这是杂志版式设计的前提。只讲完美的表现形式而脱离内容，或者只求内容而缺乏艺术表现，版式设计都会变得空洞和刻板，也就失去版式设计的意义，只有将二者统一，设计者首先深入领会其主题的思想精神，再融合自己的思想情感，找到一个符合两者的完美表现形式，版式设计才会体现出它独具的分量和特有的价值，如图 11-11 所示。

图 11-11

11.2.3　强调整体视觉布局

　　将版面各种编排要素（图与图、图与文字），在编排结构及色彩上进行整体设计。当图片和文字少时，需要以周密的组织和定位来获得版面的秩序，即使运用散的结构，也是设计中特意追求的。对于连页或者展开页，不可以设计完左页再来考虑右页，否则必将造成松散和各自为政的状态，也就破坏了版面的整体性。如图 11-12 所示为整体风格统一的杂志版面。

图 11-12

　　如何获得版面的整体性？可以从以下方面来考虑：加强整体的结构组织和方向视觉秩序，例如水平结构、垂直结构、斜向结构、曲线结构等；加强文案的集合性，将文案中的多种信息组合成块状，使版面具有条理性；加强展开页的整体特征，无论是报纸的展开版还是杂志的跨页，均为同视线下展示。因此，加强整体性可以获得更良好的视觉效果，如图 11-13 所示。

图 11-13

11.3 家装杂志封面版式设计

杂志封面设计也属于版式设计的范畴，其设计方法与其他媒体的设计方法类似，但又有其自身的特点。在杂志封面的版式设计中需要重点突出杂志的标题名称，并且需要对封面中的文章标题进行合适的排版处理，使其整齐有序，又能够富有层次感。

11.3.1 项目分析

在当今琳琅满目的杂志中，杂志的封面起到了一个无声的推销员的作用，封面的好坏一定程度上会直接影响人们的购买欲望。本案例所设计的家装杂志封面使用温馨的家居图片作为封面的满版背景，紧扣杂志主题，文字排版占整个画面的主导作用，让读者看起来有条不紊，封面中的文字内容以水平方式排列，给人一种平静和稳重的感觉，并且能够为版面整体带来平衡的作用。本案例所设计的家装杂志封面的最终效果如图 11-14 所示。

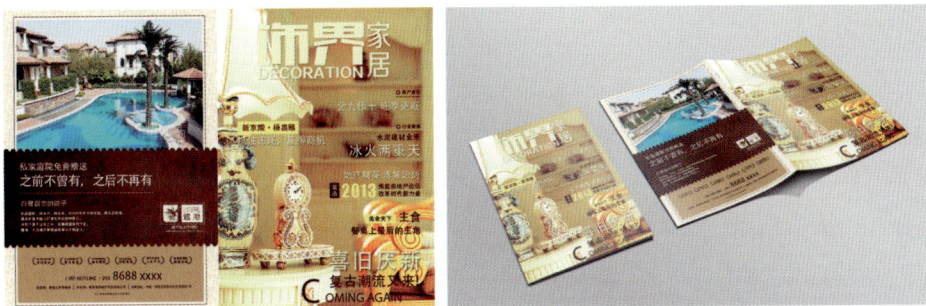

图 11-14

根据所设计的杂志类型以及行业特点选择家居类的素材图片作为该杂志封面的主要素材，使用温馨的家居场景图片作为封面的满版背景，与杂志的主题相符合，并且能够快速将读者带入到温馨的家居世界中。封底部分为某楼盘的广告，使用了相应的楼盘素材图片以及纹理图片。本案例设计的家装杂志封面所使用的素材如图 11-15 所示。

图 11-15

11.3.2 配色分析

本案例所设计的家装杂志封面使用黄色调作为版面的主色调，在封面背景中使用的满版家居素材图片本身也是黄色调的图片，给人一种温馨、舒适的感受，在版面中同样搭配不同明度和纯度的黄色调文字，使版面中的色调统一，给人一种温暖、温馨、舒适、惬意的整体感受，这也正好是家装需要向用户传达的情感。

RGB(251、235、84)
CMYK(4、4、75、0)

RGB(246、242、183)
CMYK(5、2、36、0)

RGB(82、18、16)
CMYK(55、95、95、53)

11.3.3 设计思路

① 家装类杂志属于大众类的读物，在这里将该杂志封面设置为标准尺寸 210mm× 285mm。由于需要设计出封面和封底，所以文档尺寸可以设置为 420mm×285mm，并且需要为四边各预留 3mm 的出血区域，如图 11-16 所示。

② 在版面中使用参考线划分封面和封底区域。根据杂志的行业属性，选择家居场景图片作为封面的满版背景素材，使杂志封面表现出温馨、舒适的感受，如图 11-17 所示。

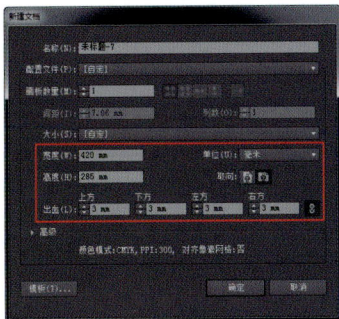

图 11-16

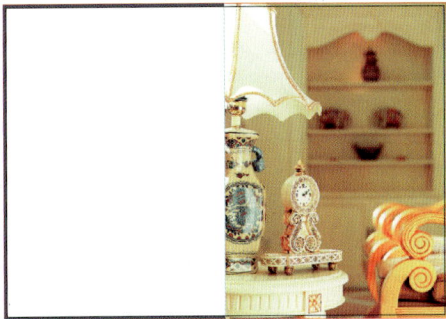

图 11-17

③ 版面的色调设置为清新、淡雅的感觉。在版面最上方使用横排与竖排文字相结合的方式来表现杂志名称，并且使用了不同的字体和字体大小，使杂志名称的表现更加富有层次结构，如图 11-18 所示。

④ 封面中的文章标题整体采用居右对齐的方式进行排列，并且通过使用不同的字体大小、字体颜色和文字排版，使得文章标题的排版重点突出，具有层次感，如图 11-19 所示。

图 11-18

图 11-19

⑤ 封底部分放置的是一个楼盘广告，楼盘广告通常是由投放者所提供的，该家装杂志封面的最终效果如图 11-20 所示。

图 11-20

11.3.4　对比分析

杂志封面版式设计是将文字、图形和色彩等进行合理安排的过程，其中文字占主导作用，图形和色彩等的作用是衬托封面。

设计初稿 >>>

① 将杂志的标题名称设置为绿色，与背景的黄色满版图片形成对比，但是绿色的文字效果在此处显得与背景图片不搭，无法体现出温馨、舒适的感觉。

② 杂志标题名称使用中文与英文相结合，简单的横排方式虽然简洁，但是特点不突出。

③ 版面中所有的文章标题都使用相同的字体、字号和字体颜色，在版面中进行右对齐排列，无法体现出标题文字的层次感。

最终效果 »»»

① 将杂志的标题名称设置为浅黄色，与封面的满版背景图片保持一致的色调，统一的色调给人一种舒适和温馨的感受。

② 杂志标题名称采用横排与竖排相结合的方式，并且标题名称使用了不同的字体，突出表现该杂志的特点。

③ 版面中的文章标题依然采用右对齐排列方式，但是为不同的文章标题设置了不同的字体大小和字体颜色，使得版面中文章标题文字的排版效果更具有层次感。

11.4　汽车杂志内页版式设计

杂志内页版式设计是将文字内容和艺术形式进行完美结合的创作。杂志的版式设计是为了更好地吸引读者的视线，使杂志版面获得最佳的视觉效果。本节将带领读者一起完成一个汽车杂志内页的版式设计。

11.4.1　项目分析

本案例所设计的汽车杂志内页使用灰褐色的岩石纹理作为版面的背景，突出表现版面的硬朗和质感，与汽车杂志内容相符。在该汽车杂志内页版面中图片较多，文字内容较少，所以在版面中使用比较自由的排版方式，通过汽车大图突出表现版面的主题并有效吸引读者的关注。自由多变的排版方式，使版面给人感觉自由、活泼、富有动感。本案例设计的汽车杂志内页的最终效果如图 11-21所示。

图 11-21

在该汽车杂志内页版面中所使用的素材以汽车展示图片为主，展现了不同时期的汽车图片，与版面中的文字内容相结合，全面展现了该品牌汽车的发展和魅力。本案例设计的汽车杂志内页所使用的素材如图 11-22 所示。

图 11-22

11.4.2　配色分析

　　本案例所设计的汽车杂志内页使用灰褐色作为版面的背景主色调，使版面表现出沉稳、内敛、大气的氛围，在版面中搭配黑色的文字内容，色调简洁、清晰，与汽车所要表现的干练风格相吻合，在版面局部点缀红色的图标进行标题内容的强调，突出却不会影响整体视觉效果。整个版面的色彩搭配给人感觉沉稳而干练。

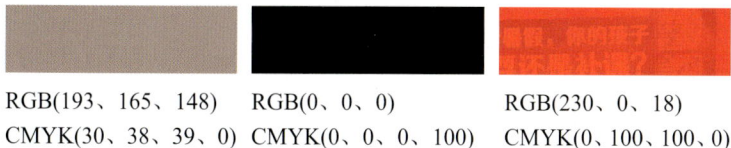

RGB(193、165、148)　　RGB(0、0、0)　　　RGB(230、0、18)
CMYK(30、38、39、0)　CMYK(0、0、0、100)　CMYK(0、100、100、0)

11.4.3　设计思路

　　❶ 将该汽车杂志的版面尺寸设置为210mm ×285mm，版面比较大，能够编排丰富的内容，阅读起来也比较流畅。另外，需要为四边各预留3mm的出血区域，如图11-23所示。

　　❷ 为了配合主题的表现，在跨页版面中使用灰褐色的纹理素材铺满整个跨页背景，通过在版面中展示大幅的汽车图片，能够有效地突出主题的表现，并且能够吸引读者的关注，如图11-24所示。

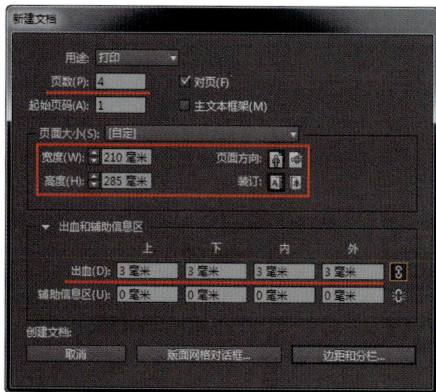

图 11-23

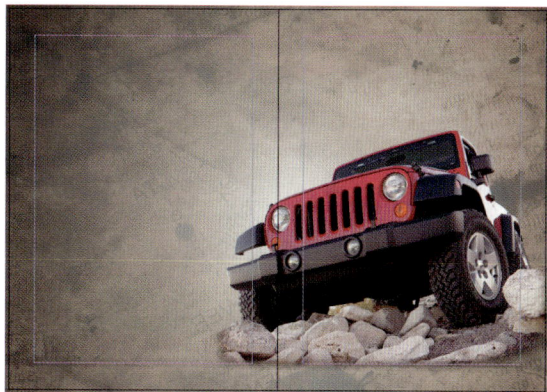

图 11-24

　　❸ 在跨页版面的上方使用水平排列方式放置多个去底处理的汽车小图，通过类似时间轴的方式来介绍汽车的发展，并且在版面中能够形成大小和位置的对比，如图11-25所示。

　　❹ 正文内容使用常规的黑体，标题文字则使用较粗的黑体，表现出粗壮、有力的印象，文字内容显得工整、清晰，如图11-26所示。

图 11-25

图 11-26

❺ 为了使该汽车杂志内页能够给人自由、动感的视觉效果，可以采用自由的排版方式，使每个页面都能给读者带来不一样的视觉感受，但需要注意同一本杂志中的多个内页又需要具有统一性，可以保持背景、字体和字号不变，如图 11-27 所示。

图 11-27

11.4.4　对比分析

杂志内页版式设计除了需要遵循版式设计的一般规律和美学原则之外，还应该强化版式设计的视觉效果，在编排和制作上保持高格调、高亲和度和回味的欣赏价值。

2,3,2,3,2,3,2,3,2,3

设计初稿 ▶▶▶

① 使用纯白色作为版面的背景颜色，整个版面显得非常清晰，但是也使得汽车的质感表现得不够突出。

② 将跨页版面清楚地区分为左右两页，在左侧页面中放置标题名称和汽车图片，使得左右页面的联系并不是很紧密，而且版面的视觉效果也并不是很突出。

③ 将文章标题放置在左侧页面中，文章内容放置在右侧页面，关联性降低，会给读者带来误解。

④ 使用网格对小汽车图片进行排列，清晰、简洁，但无法体现出其历史发展过程。

最终效果 ▶▶▶

① 使用灰褐色的岩石纹理素材作为跨页版面的背景，很好地渲染了刚毅、硬朗、富有质感的版面氛围。

② 将大的汽车图片横跨页面放置在版面的右下角位置，使其在跨页版面中占据较大的面积，视觉效果非常突出，也给整个版面带来了动感。

③ 在左侧页面中将标题名称和正文内容排列在一起，这样更便于读者的阅读。

④ 在跨页版面上方使用类似于时间线的方式来排列小汽车图片，并添加说明文字，使得其历史发展过程表现得非常清晰，并且能加强左右页面的联系。

第12章

报纸的版式设计

报纸是大众媒体，覆盖面大，传播面广，可信度高，内容涉及社会生活各个层面，世界、国家、政治、经济、文化、科技、娱乐无所不包，深受人们的喜欢。报纸的版式设计在古老的报业中正在成为新潮流，即便是一些多年来设计精良的报纸也需要进行不断地创新设计。

本章将向读者介绍报纸版式设计的相关知识和内容，并通过商业案例的分析讲解，使读者能够更加深入地理解报纸版式设计的方法和技巧。

LAYOUT DESIGN

12.1　报纸版式设计概述

报纸版式设计是将文字、图片、色彩、栏、行、线、报头、报花、报眉、空白等构成元素按具体内容和思想导向原则排列组合，使用形式语言、造型方法把新闻思想以视觉形式表现出来。

12.1.1　了解报纸版式设计

很多年来，报纸设计没有自己本身的美学理论是不争的事实。在很多情况下，文字仍占有着支配地位。由于没有优秀的设计人才和图片编辑，优秀的图片仍被当作报纸补白来处理，好的图片被无情地缩小，而差的图片则被当作重要版面元素来安排。

报纸作为平面视觉媒体，是通过印刷在纸张上的文字、图片、色彩以及版式等符号向受众传递信息的一种纸质媒体。诉诸人的平面视觉，是报纸与其他大众传播媒介最大的区别。受众通过阅读文字和图片获知信息的具体内容。其中，版式在报纸版面中扮演着举足轻重的角色。版式是报纸的广告和包装，它刺激着读者的阅读欲望，吸引着读者的视线。好看的报纸首先是从报纸版式上感应到的。每一张报纸的版面由文字、图片、色彩、字体、栏、行、线、报头、报花、报眉以及空白等要素构成，版式就是报纸版面构成的组织和结构。报纸的诸多要素，要靠版式设计的造型活动来完成，不同的报纸不仅会以提供给受众信息的侧重点不同而突显媒体性质，而且不同的版式设计和色彩运用表现着不同的编辑思路，也有助于形式不同的报纸风格。如图 12-1 所示为精美的报纸版式设计。

图 12-1

12.1.2　报纸版面的常见开本和分类

目前世界上各国的报纸版面主要有对开、4 开两种。其中，中国的对开报纸版面尺寸为 780mm×

550mm，版心尺寸为 350mm×490mm×2，通常分为 8 栏，横排与竖排所占的比例约为 8 ： 2；
4 开报纸的版面尺寸为 540mm×390mm，版心尺寸为 490mm×350mm。

目前也出现了一些开本不规则的报纸版面，如宽幅、窄幅报纸等。

技巧　　　　大多数的对开报纸以横排为主，使用垂直分栏，而竖排报纸采用水平分栏。一个版面先分为 8
个基本栏，再根据内容对基本栏进行变栏处理。

按不同的分类方法可以将报纸分成许多类。从内容上划分，可分为综合性报纸与专业报纸；从
发行区域上划分，可分为全国性报纸与地区性报纸；按出版周期划分，可分为日报、早报、晚报、
周报等；按版面大小划分，可分为对开大报和 4 开小报；按色彩进行划分，可分为黑白报纸、套色
报纸、彩色报纸。如图 12-2 所示分别为黑白报纸和彩色报纸的效果。

图 12-2

12.1.3　报纸版面的设计流程

报纸的编辑工作是报纸生产中最重要的部分之一，由多道工序组成，其工作的业务范围包括策划、
编稿和组版三部分。策划是指报纸的策划和报道的策划；编稿是指分析与选择稿件、修改稿件和制
作标题；组版是指配置版面内容和设计报纸版面，报纸版式设计就属于组版的范畴。

1.　安排稿件

设计师在对报纸版面进行设计之前需要根据稿件的内容和字数，以及稿件的新闻性和重要程度
分出主次顺序，以此确定文稿、图片的大小以及在版面中所处的位置，并大致勾画出报纸版面的框架。

2.　美化版面

通过题文、图文的配合，以及长短块、大小标题、横竖排列的安排，再加上字体、字号、线条
的变化和花框、底纹、题花的点缀，以及色彩的运用和空白的处理等方法，对报纸的外观进行美化

和修饰。虽然报纸的版面设计比书刊的版面设计要复杂得多，但是它也是依据版面编排设计的基本规律和框架来进行的。如图 12-3 所示出色的报纸版式设计。

图 12-3

12.2　报纸的版式编排特点

报纸版式设计一定要遵循"主次分明、条理清楚、既有变化、又有统一"的原则，恰当地留白守黑，灵活地运用灰色，通过对黑白灰的巧妙安排（这里的黑、白、灰是指照片、题图、插图、底纹之间形成的色调关系），从而形成一种张弛有度、疏密有致、有轻有重的节奏。

12.2.1　报纸设计的构成要素

报纸版式的构成要素包括文字、图片和色彩。

文字是报纸版面中最为重要的元素，是读者获取信息的最主要的来源。文字的编排主要依靠网络系统来进行。

比起长篇累牍的文字，图片拥有光鲜夺目的色彩和极具张力的表现手法，因而更容易形成视觉冲击力，活跃版面，并填补文字的枯燥。因此，图片在报纸版面中的地位在不断提高。

色彩也是报纸设计中较为视觉的一个环节，对色彩的把握能力直接关系到整个画面。色彩具有表达情感的作用，色彩的使用要符合报纸所要表达的主题。例如，表现重大自然灾害造成人员伤亡的新闻时，就需要使用较为严肃的色彩（如黑白）；如果还使用鲜艳的色彩，则会给人一种不够严肃、不礼貌的印象。如图 12-4 所示出色的报纸版式设计。

图 12-4

12.2.2　如何设计出色的报纸版式

报纸以读者为本，版式设计是"绿叶"，应该紧紧围绕文字信息传播这朵"红花"，它只能加强优化传播内容，不能喧宾夺主。在具体的报纸版式设计中需要注意以下几点。

1. 正确引导读者

报纸种类很多，给读者提供的信息各有侧重，内容风格均有差异，这种差异应该让读者能够从报纸版式上感觉出来。报纸中的版式，不仅有形式上的视觉"景观"，接受者还会感应到其中的情感印象和信息。应该说版式编排可以向读者发出直观的信息：有的清新文雅，满纸书卷气；有的高雅端庄，气派不凡；也有的棱角分明，活力跳跃等，如图 12-5 所示。

版面清新、简约、高雅　　　　　　版面丰富、活跃、动感

图 12-5

每份报纸的版面都应该有属于自己的个性，有个性才能区别于其他，从而满足读者多方面的需求。内容能够体现个性，个性又表现为形式的独特性，版面个性正是出版物内在个性的外在表现。设计师首先需要深入领会报纸的内容、价值、导向，并将其贯穿到版式设计中，用个性化的外观呈现信息的意义，用视觉形象正确引导读者。如图 12-6 所示为个性化的报纸版式设计。

图 12-6

2. 在版面中巧妙地运用图片

图片具有先声夺人的功效，信息传达生动、感性。今天的读图时代，图片在报纸中的分量越来越重。在版式设计中巧妙地应用图片，会迅速抓住读者的眼球，激发阅读欲望。例如，将主题图片放大、强化，可以增强版面的视觉冲击力；将图片进行特殊形式的组合，可以引发联想与关注。

图片是"诱饵"，巧用的目的是吸引读者去浏览整个版面。因此在强化视觉中心的同时，还必须考虑视觉平衡，主题图片要与其他图片相呼应，使版面主次分明、流畅易读、整体和谐，如图 12-7 所示。

图 12-7

技巧　如果报纸版面中只有灰灰的大片文字，难免单调。图片增加了变化，丰富了报纸的视觉表现效果。选择图片一定要能够正确反映新闻内容和编辑思想，一张没有内涵的图片，处理得再妙也只是金玉其外，败絮其中，会误导读者。

3. 运用线条突出版面中的重点内容

线条丰富多变，感性十足，显示出多种功能和作用，是报纸版面常用的设计手段。线条有直线、曲线、花线、点线、网线等，其中直线又可以分为正线（细线）、反线（粗线）、双正线（两行细线）、双反线（两行粗线）、正反线等多种形式。

在报纸版式设计中，常使用线条来彰显主题、区分内容、增强表现力，引导读者的阅读，如图12-8所示。

图 12-8

具体的做法有以下几种。

强调：借助线条使版面中的重要稿件突出，例如为某篇稿子添加边框，由于它与版面中的其他内容处理不同，自然成为读者关注的重点。

区分：使用线条将报纸版面中的不同稿件内容划分开，方便读者的阅读。

统一：如果报纸版面中的几篇稿件内容相互关联，可以使用线条围边、勾边或加以相同的线条装饰，使它们形成统一。一些专题、专栏使用该方法进行处理，可以有效地区别于其他内容。

表情：线条具有丰富的情感语言，直线简单大方，细线精致高雅，网线含蓄文雅，花线活泼热闹，曲线运动优美。注意将线条的特点与稿件内容巧妙结合，能增强版面的感染力、表现力，获得意想不到的效果。例如，文化品位较高的文章可以使用大方单纯的直线，不宜使用花哨的线条装饰；政论性、批判性的文章应该庄重严肃，也不适合使用花边。

扩展：有的稿件内容经典，是版面中必不可少的内容，但稿件分量少，版面占有量小，易产生不和谐的空白。为了使该部分内容撑满一定的版面，可以使用线条加框处理，从而扩大空间。

4. 版面内容简洁易读

简洁、易读是现代报纸版式设计最为突出的特点。简洁体现了现代设计的外在特点，符合现代社会的生活节奏和审美观念；易读则体现了现代设计的内在特点，即从人的因素出发，为读者服务，体现人性化的特征。简洁的最终目的也是为了方便阅读，也就是说形式必须服从于功能。如图 12-9 所示为简洁易读的报纸版式设计。

图 12-9

现代社会是信息爆炸的社会，是各种传媒竞争白热化的社会，而现代的读者是多元化的读者，是匆匆忙忙的读者。因此，当今报纸设计需要注意的一个重要问题就是使读者能够在尽可能短的时间内获得尽可能多的信息。现代报纸之所以要以简洁的形式服从于易读的功能，完全是为了适应社会的发展和读者的需要。

12.2.3　报纸的视觉流程

要在最短的时间内把版面信息传达给读者，报纸版面必须要具有一定的视觉冲击力和正确合理的视觉流程导向。报纸版式的视觉流程主要有以下几种类型。

1. 线性视觉流程

主要借助于线条不同方向的牵引，似乎有一条清晰的运动脉络贯穿于版面的始终。

2. 导向性视觉流程

通过文字、手势等元素，引导读者的视线按一定的方向运动，并且由大到小、由主及次，把版面中的各个构成要素依序串联起来，组成一个整体，形成具有活力、动感的流畅型视觉要素。

3. 多向性视觉流程

是指与线性、导向性相反的视觉流程，它强调版面视觉的情感性、自由性和独特性，不被常规束缚，刻意追求一种新奇、刺激的视觉新语言。

4. 反复视觉流程

把相同或相似的版面视觉要素进行重复、有规律地排列，使其产生有秩序的节奏和韵律，从而起到加速视觉流动的功能。

12.3 旅游报纸版式设计

12.3.1 项目分析

在报纸版面的设计过程中，因其版面较大、内容较多，常常使用分栏的方式来对版面内容进行排版处理，应用分栏可以使版面内容更加清晰、有条理，使得版面内容更容易阅读。为了使整个报纸的风格统一，在排版过程中还可以创建相应的字符样式和段落样式，为版面中不同的内容应用相应的样式，这样能够有效地控制整个版面的表现效果，并且提高排版的效率。本案例所设计的旅游报纸版面的最终效果如图 12-10 所示。

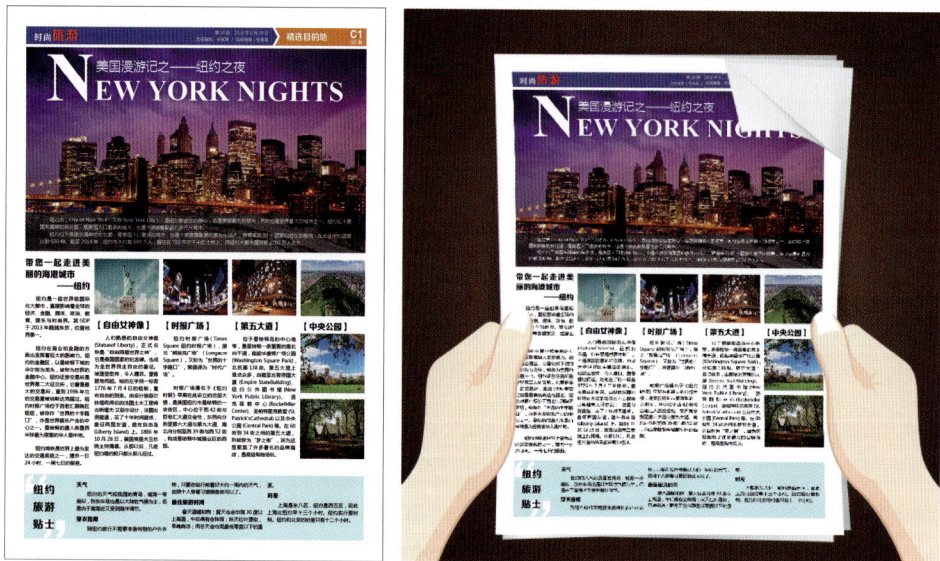

图 12-10

根据旅游类报纸版面的编排特点，选择具有代表性的景点图片作为版面的主要素材，穿插少量与景点相关的其他特色图片，根据实际的设计案例选择合适的设计元素进行报纸版面的设计。本案例设计的旅游报纸版面所使用的素材如图 12-11 所示。

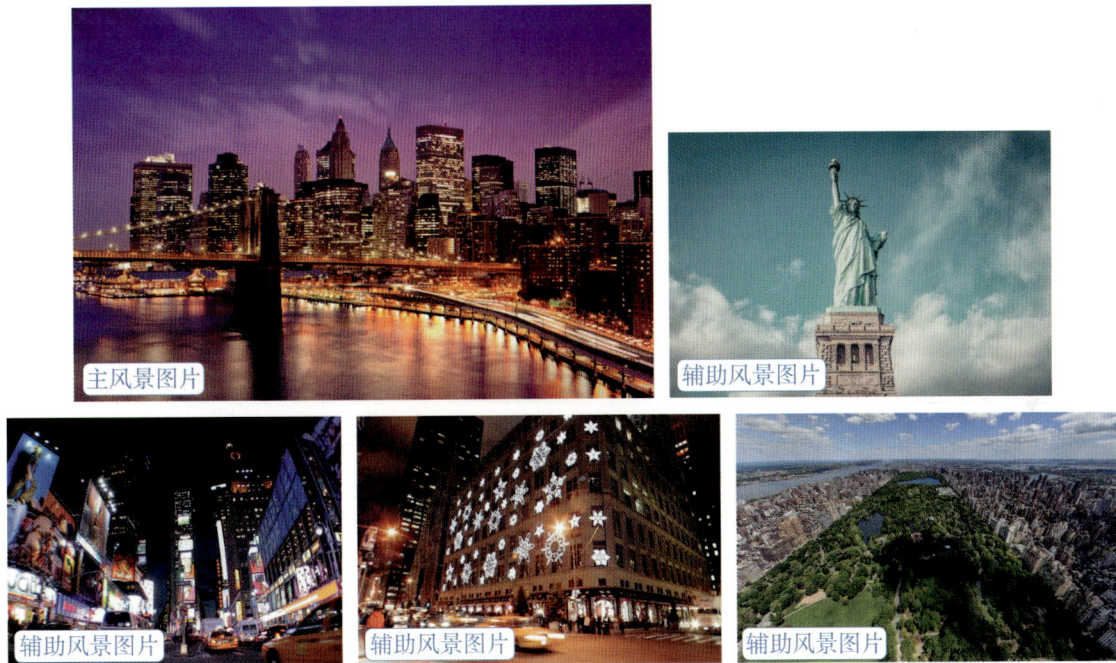

图 12-11

12.3.2　配色分析

　　报纸版面通常都会有大篇幅的文字内容，所以通常会采用白底黑字的搭配方式，本案例所设计的旅游报纸版面同样使用白底黑字的搭配方式，为了配合旅游的主题，在版面中局部搭配了蓝色的背景色，使版面看起来更加清爽、惬意。

RGB(255、255、255)　　　RGB(0、0、0)　　　　　RGB(195、229、236)
CMYK(0、0、0、0)　　　　CMYK(0、0、0、100)　　CMYK(27、0、8、0)

12.3.3　设计思路

❶ 该旅游报纸的版面尺寸设置为 390mm×540mm，四边的边距均为 20mm，这是一个标准

的 4 开报纸的版面尺寸，并且需要为四边各预留 3mm 的出血区域，如图 12-12 所示。

❷ 在版面顶部放置最能够展示当地特点的大幅高清晰风景图片，从而有效地吸引读者的目光，如图 12-13 所示。

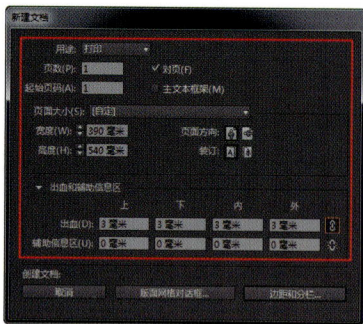

图 12-12

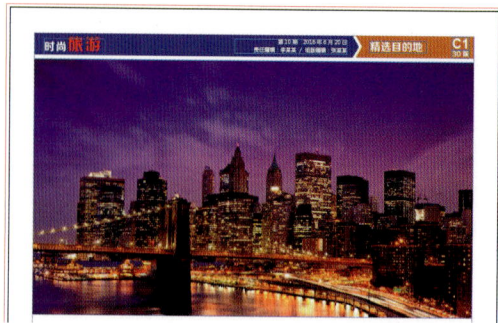

图 12-13

❸ 在顶部的大图上方叠加放置版面的主题文字，注意主题文字的表现需要醒目与突出，如图 12-14 所示。

❹ 接下来在版面中通过分栏的方式对版面的主要内容进行排版处理，搭配当地的景点图片进行辅助展示，注意在排版的过程中需要保持文字排版的整齐与样式的统一，如图 12-15 所示。

图 12-14

图 12-15

技巧 我们可以选择在 InDesign 软件中对报纸版面进行排版设计。InDesign 是一款专业的书籍报刊排版软件，在该软件中可以轻松地进行分栏处理，以及通过创建相应的字符样式和段落样式，从而保持排版作品中各部分文字内容格式的统一。

⑤ 在版面的最下方使用浅蓝色的背景色块来区别不同的内容，如图 12-16 所示。

⑥ 由于版面中的图片色彩已经很丰富了，因此版面中其他元素的色彩以简单、统一为主，这样就完成了该旅游报纸版面的设计，如图 12-17 所示。

图 12-16

图 12-17

12.3.4　对比分析

旅游报纸版面设计中以当地景点的图片作为主要素材，充分展示醉人的景色。运用一张大图作为主要的展示，其余的小图以辅助展示细节的方式来编排图片，版面的排版要求尽量简洁、清晰。

设计初稿 >>>

① 版面中图片的尺寸差别不大，因此不够突出。

② 版面主题的英文字体选择了严肃的粗黑体，并且排版形式单一，无法体现出浪漫的感觉。

③ 将相应的小图片在版面的右侧进行排列，无法与正文中的内容联系起来。

④ 版面下方的版块内容与上方主体内容之间的区别不够明显，无法体现版面内容之间的层次。

最终效果 »»»

① 将版面上方的图片放大至满版，给人很强的视觉冲击力。

② 选择罗马字体作为版面主题的英文字体，将文字叠加在图片上方，并进行相应处理，使主题文字的表现更具有艺术感。

③ 同样使用分栏的方式排列内容，但将各景点图片与内容相结合，非常清晰、直观。

④ 为版面下方的内容添加色块背景，体现出版面内容的层次感。

12.4 儿童教育报纸版式设计

儿童教育报纸包含的内容以新闻资讯为主，在对该类报纸进行排版设计时常常采用常规的编排方式，对正文内容进行分割处理，使正文内容清晰、有条理，便于读者阅读。为了使版面不会显得过于单调，还可以在分栏的基础上加以变化，从而使版面富于节奏感。

12.4.1 项目分析

在该儿童教育报纸的版式设计中，将版面划分为 3 个垂直栏，左侧和右侧的分栏较小，主要放置一些与亲子教育相关的知识，使读者从中获益。在版面的中间位置放置该版面的重点内容，使用大幅图片和大号加粗字体的标题来突出主题的表现，并且将中间的正文内容分为三栏进行排列，使版面主次分明，内容划分清晰、流畅。本案例所设计的儿童教育报纸版面的最终效果如图 12-18 所示。

在该儿童教育报纸版面的设计中，主要以照片素材为主，分为儿童、婴儿、玩具、家居 4 种类型。风格轻松、活泼、可爱，符合版面的主题，根据实际的设计案例选择合适的设计元素进行报纸版面的设计。本案例设计的儿童教育报纸版面所使用的素材如图 12-19 所示。

图 12-18

儿童图片

婴儿图片

玩具图片

家居图片

儿童图片

儿童图片

水果图片

图 12-19

12.4.2　配色分析

　　该儿童教育报纸版面中的文字内容较多，为了使版面能够给用户带来简洁、清晰的视觉效果，在该报纸版面中并没有使用过多的色彩进行搭配，仅使用了最常规的白底黑字的搭配方式，这样的搭配可以使版面的表现效果清晰、自然，文字内容的阅读更加流畅。

12.4.3　设计思路

　　❶ 将该儿童教育报纸的版面尺寸设置为 390mm×540mm，四边的边距均为 20mm，这是一个标准的 4 开报纸的版面尺寸，并且需要为四边各预留 3mm 的出血区域，如图 12-20 所示。

　　❷ 在开始对报纸版面进行设计之前需要有清晰的设计思路，在该报纸的版面中我们将整个版面垂直划分为 3 栏，并且通过线条来进行区别，这样可以使读者清晰地分清版面中内容的层次，如图 12-21 所示。

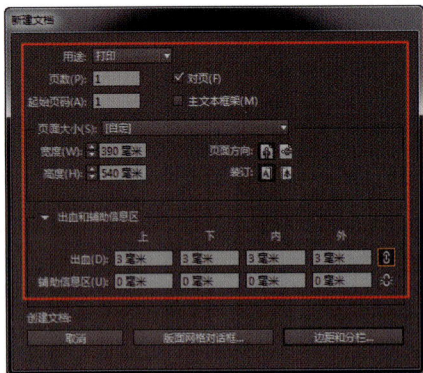

图 12-20

图 12-21

　　❸ 在版面左右两侧较窄的垂直栏中放置一些相对轻松的亲子类知识，可以搭配一些儿童写真照片，从而避免全部都是文字内容的枯燥，如图 12-22 所示。

　　❹ 对于版面中的重点文章应该与其他的次要内容进行明确区分，加强对比。在版面中间位置使用大幅儿童图片搭配大号粗体文字表现版面的重点文章，如图 12-23 所示。

　　❺ 在中间标题文字的下方使用分栏的方式来对文章内容进行排版处理，在整个版面的排版过程中注意使用字符样式和段落样式对版面中的文字格式进行统一，如图 12-24 所示。

　　❻ 由于版面中所使用的图片色彩已经比较丰富了，因此其他部分不需要再添加色彩，保持白底黑字即可，完成该儿童教育报纸版面的设计，如图 12-25 所示。

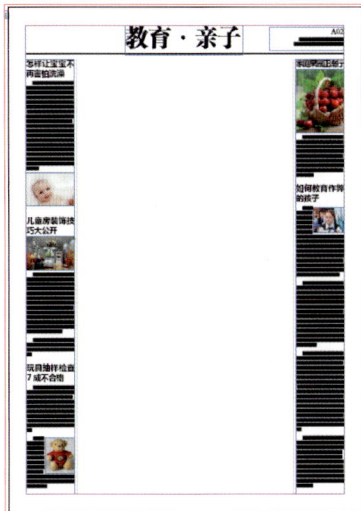

图 12-22

图 12-23

图 12-24

图 12-25

12.4.4　对比分析

　　儿童教育报纸版式的设计可以根据版面中的内容来选择合适的排版方式。如果版面中内容较少，则可以使用一些比较活泼的形式进行表现；如果版面中的文字内容较多，则需要通过清晰的结构使版面中的内容清晰、易读。

227

设计初稿 »»»

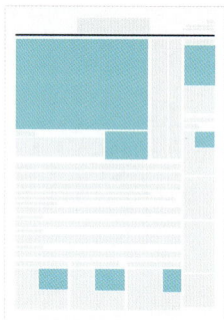

1. 版面分为两栏,左侧栏中放置的内容较多,整个版面的条理不够清晰。
2. 将重点文章的标题纵向排列,与版面完全不协调。
3. 将重点文章的内容进行通栏排列,显得十分拥挤,并且视觉效果混乱。
4. 在版面的最下方使用分栏的方式放置其他次要内容,整体缺乏规律。

最终效果 »»»

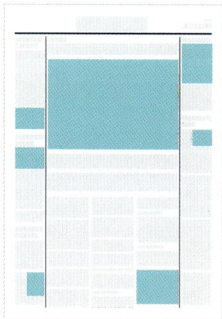

1. 首先对版面进行整体分栏,分为垂直3栏,左右两侧安排次要的内容,中间部分安排重点文章。
2. 将重点文章放置在版面的正中位置,从上至下依次是引子、图片、标题和正文,阅读起来非常流畅。
3. 重点文章的正文内容较多,这里同样采用分栏的方式来对正文内容进行排版处理,使版面的结构清晰、易读。
4. 在版面的左右两侧放置次要内容,使版面均衡。通过对文字的字体、字号进行变化来区分层级。整体主次分明,给人清晰、舒畅的感受。

第13章

包装的版式设计

在世界各地的商场中，琳琅满目的商品以有形的手段传达着无形的吸引力，这就是包装的魅力，商品包装深深地影响着顾客的心理和购买欲。包装的世界极其丰富，方、圆、三角、多面体等各种形状，纸、布、木、玻璃、塑料等各种材质，制模、印刷、表层处理等各种工艺，无论怎样千变万化，它们都是依附于立体商品之上由多个平面组合构成的，同样存在着版面设计的理念。

本章将向读者介绍包装版式设计的相关知识和内容，并通过商业案例的分析讲解，使读者能够更加深入地理解包装版式设计的方法和技巧。

LAYOUT DESIGN

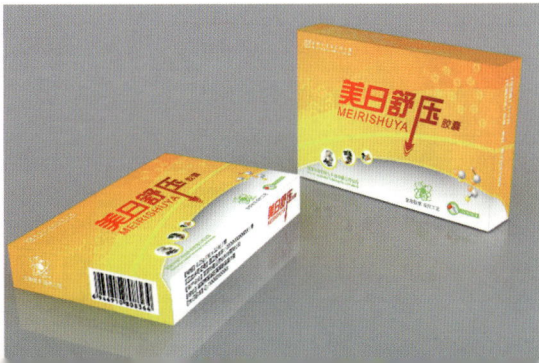

13.1 包装版式设计概述

包装作为实现商品价值的手段，在生产、流通、销售和消费领域中发挥着极其重要的作用，是企业界、设计界不得不关注的重要课题。包装设计的基本要求是保护产品不受外力的伤害；便于开启和携带运输；视觉冲击力强，主题明确，产品特点突出。

13.1.1 了解包装设计

包装设计的作用是为了保护商品、美化商品、宣传商品，也是一种提高产品商业价值的技术和艺术手段。

包装设计包含了设计领域中的平面构成、立体构成、文字构成、色彩构成及插图、摄影等，是一门综合性很强的设计专业学科。包装设计又是和市场流通结合最紧密的设计，设计的成败完全有赖于市场的检验，所以市场学、消费心理学始终贯穿在包装设计之中。如图13-1所示为精美的产品包装设计。

图 13-1

提示 在工业高度发达的今天，包装设计应该做到物有所值，档次定位明确，否则必然招致消费者的反感和抵触。因此，包装设计师一方面应该具备良好的职业道德水准和全方位的设计素质；另一方面包装设计还需要考虑环境保护的问题，包装设计应该朝绿色化奋力迈进。

13.1.2　包装设计的尺寸

　　包装设计通常没有固定的尺寸规定，在设计时需要根据产品的尺寸来决定包装设计的尺寸。在对产品包装进行设计之前，需要根据产品以及配件的摆放方式、纸张厚度，并考虑包装材料缓冲时所需要的距离等条件，计算出包装的尺寸。

13.1.3　包装设计的基本流程

　　包装的功能主要是保护商品、传达商品信息、方便使用、方便运输、促进销售、提高产品附加值。作为一门综合性学科，它具有商品和艺术相结合的双重性。

　　包装设计的主要流程可以分为以下几个步骤。

1．调研分析

　　根据产品的开发战略及市场情况，制订新产品的开发动机与市场切入点，确定目标消费群体，并根据销售对象的年龄、职业、性别等因素来制订产品开发的特点、销售方式与包装形象设计的突出点，另外还要结合产品的定位和竞争对手的情况制订产品的特性、卖点、成本以及售价等。

2．制订设计方案

　　根据设计项目的情况组成设计小组，对具体设计的项目进行研讨，制订视觉传达表现的重点和包装结构设计的方案，并对产品的竞争对手进行研究。尽量准确地表现出包装的结构特征、编排结构和主体形象造型。

3．平面设计

　　一是图形部分，对于表现精细的插画，先要求大致效果的表现即可，摄影图片则运用类似的照片或效果图先行代替。

　　二是文字部分，包括品牌字体的设计、广告语、功能性说明文字等。

　　三是包装结构的设计，如纸盒包装应该准备出具体的盒形结构图，以便于包装展开设计的实施。除此以外，产品商标、企业标示、相关符号等也应该提前准备完成。

4．立体效果

　　对最终筛选出来的部分设计方案进行展开设计，并制作成实际尺寸的彩色立体效果，从而更加接近实际的成品。设计师可以通过立体效果来检验设计的实际效果以及包装结构上的不足，并经过反复改进最终完成设计。如图 13-2 所示为精美的产品包装设计。

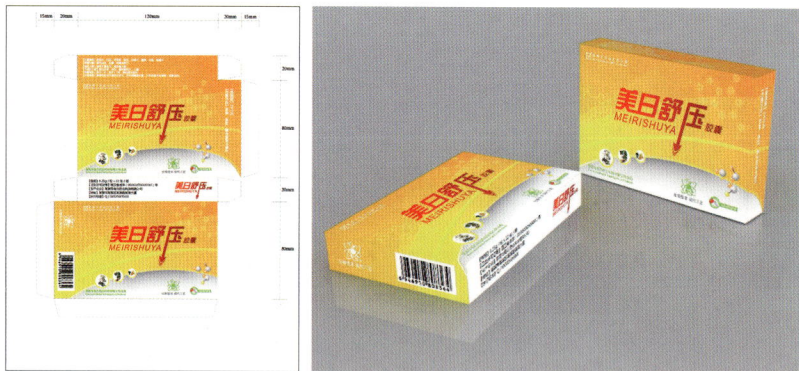

图 13-2

13.2　包装的版式编排特征

　　包装设计需要考虑到货架印象、可读性、外观图案、商标印象、功能特点的说明、卖点的提炼。设计时需要注意以下几点：主题鲜明突出，要让消费者一眼就能看出包装的内容是什么；形式与内容统一，例如不要将食品包装设计得像洗涤剂包装；强化整体布局，一定要使包装的主体重心足够抢眼。

13.2.1　包装设计的版面构图

　　包装设计包含文字、图形、色彩、结构等要素，它们经设计组合后，形成一个完整的商品包装。包装除保护商品，还有美化商品形象，正确反映内容物信息的功能，顾客应该从包装版面得知产品名称、生产企业、标志、产品特质、使用方法、促销语等，如图 13-3 所示。

图 13-3

　　与其他种类的视觉设计相比，包装有多个版面，构成关系复杂且版面空间较小，如何协调各版面之间的关系并运用小版面组合高效传递信息，是设计师苦心研究的重要课题。在包装的构图上，应该着重以突出产品名称为主，有产品图像的则需要同时对图像进行突出展示，最常用的构图有垂直构图、对角式构图、聚集式构图等类型，如图 13-4 所示。

图 13-4

13.2.2　包装设计的版面构成要点

　　包装的主展面是最关键的位置，往往给人印象深刻，其版面通常安排消费者最为关注的内容，如品牌、标志、企业、商品图片等。设计中可以创意无限，但一定要注意具体内容与表现形式的完美结合。另外主展面不是孤立的，它需要与其他各面形成文字、色彩、图形的连贯、配合、呼应，才能达到理想的视觉效果，如图 13-5 所示。

图 13-5

1. 色彩的搭配

　　色彩在包装版面中虽不如文字、图片信息重要，但却是视觉感受中最活跃的成分，是表现版面个性化、情感影响力的重要因素。

包装版面中为了直白说明内容物，拉近与消费者的距离，有使用实物摄影写真色彩表现的，也有侧重于色块、线条组合的，强调形式感，色彩表现抽象、概括、写意，如图 13-6 所示。

图 13-6

设计中我们以同类色或异类色做基调，来强化内容物的品质、特征、渲染主题。同类色是将包装色彩与商品的固有色彩相联系，如橙汁使用橙色，它给消费者直觉感应，利于快速辨别认同，如图 13-7 所示。异类色使用与商品固有色或固有印象背道而驰的色彩，如巧克力使用蓝色，女性化妆品使用黑色等，一反常规的大胆突破易产生视觉惊奇与深刻印象，同样也起到突出产品，刺激购买的作用，如图 13-8 所示。

图 13-7

图 13-8

提示　在面积有限的包装版面中，过多色彩会使人眼花缭乱，简洁、单纯的色彩往往会赢得最佳注意。为了以少胜多，以一当十，可以使用色彩综合对比，它们有丰富的色相感，又保持了一定对比强度，明快有力，置于货架远观仍然具有良好的视觉效果。

2. 文字的设计

文字是包装必不可少的要素，编排中要依据具体内容的不同选择字体大小、摆放位置、组织形式，把握好主次关系。商品名称、企业名称多安排于主要展面，可以使用性格表现力较强的书法或装饰字。但不可本末倒置，过于追求艺术性而忽略了字体与商品形象特点的一致性，忽略字体本身的可视性。如图 13-9 所示为商品包装中的商品名称文字处理效果。

图 13-9

如果包装属于企业 CI 中的一部分，同一名称的字体风格应该保持一致。产品成分、型号、规格等资料文字多在侧、背面，也可以放在正面，一般采用与商品性格相符，清晰明了的印刷体。用途、保养、注意事项等说明文字不要排在正面，多使用印刷体。一些用于促销的广告文字可根据创意灵活安排，如图 13-10 所示。

图 13-10

3. 总体编排需要注意的问题

在商品包装的总体编排中，我们应该注意如下问题：一是包装能准确反映、适合内容，不同产品对包装要素选择、材料使用、外形特点、艺术风格等要求均有不同，设计的关键是针对不同主题，找到最恰当、最独特的答案。二是注意使用一种基本格局，一个基调来进行不同展示面、不同系列的局部处理，保持整体风格统一。三是运用大与小、曲与直、多与少、松与紧的差异，变化、对称、渐变、空间、特异等形式手法来取得生动、美观、富有魅力的视觉效果。如图 13-11 所示为精美的产品包装设计。

图 13-11

另外，现代包装必须考虑在企业 CIS 计划下执行，VI 的统一性要求其版式遵循一定设计标准，这样的包装才能发挥应有的效力，与广告、办公用品、交通工具等其他形式的设计同心协力共同塑造企业形象，如图 13-12 所示。

图 13-12

13.3　纸巾盒包装版式设计

包装设计需要不断尝试与探索，要具有追求人类美好生活的情怀。包装用于包装产品与宣传产品本身，成功的设计可以为产品增添光彩。

13.3.1　项目分析

包装盒型设计一定要用辅助线帮助定位，使用标尺准确控制盒型属性。本案例所设计的纸巾盒包装中使用图形填充，使包装盒各个面的背景纹理相同，在包装盒的正面部分放置楼盘整体环境效果图以及 Logo 和宣传标语，使得主题更加突出。绘制路径中，虚线部分是印后需要"压痕"和"折叠"的部分，文字的排版和颜色的搭配都围绕着主题部分创建。本案例所设计的纸巾盒包装的最终效果如图 13-13 所示。

图 13-13

　　因为本案例所设计的纸巾包装盒是为某楼盘设计的配套用品，所以该包装盒所使用的素材与该楼盘相关，通过使用楼盘的宣传效果图以及楼盘 Logo，突出表现该楼盘的品牌和环境效果，并且还在该包装盒的背景部分使用了花纹图形，从而提高整个包装盒的美观性。本案例设计的纸巾盒包装所使用的素材如图 13-14 所示。

图 13-14

13.3.2　配色分析

本案例所设计的纸巾盒包装使用了白色作为背景主色调，清新、简洁，在版面中搭配同色系的黄色和棕色，突出表现该楼盘的尊贵，并且黄色系的色彩搭配能够给人一种温暖的感觉。包装色彩设计要注意特别针对不同产品的类型和卖点，使顾客可以从日常生活所积累的色彩经验中自然而然地对该商品产生视觉心理认同感，从而达到购买行为。

RGB(255、255、255)
CMYK(0、0、0、0)

RGB(64、33、15)
CMYK(50、70、80、70)

RGB(255、230、134)
CMYK(0、10、55、0)

13.3.3　设计思路

❶ 根据对产品尺寸及纸张等因素的分析，该纸巾盒包装的尺寸为230 mm×120mm×80mm，新建文档时可以创建一个比包装盒展开尺寸大一些的文档。包装盒是一种特殊形状的印刷品，所以在新建文档时不需要设置出血，因为后期需要制作该包装盒的模切形状，如图13-15所示。

❷ 根据包装盒展开后各部分的尺寸，在文档中使用参考线定位各个面的位置，并标注出各个面的尺寸大小，如图13-16所示。

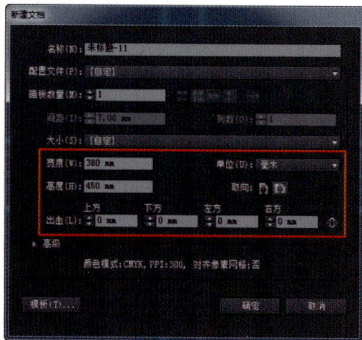

图13-16

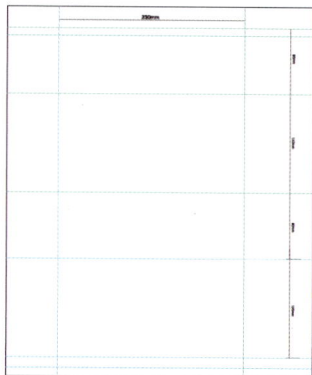

图13-15

❸ 根据所设计的包装盒，绘制出该包装盒展开图的各部分，并且为其填充花纹素材，丰富包装盒背景的表现效果，如图13-17所示。

❹ 使用楼盘的效果图作为包装盒版面的主要素材，辅助楼盘Logo以及简洁的宣传标语构成包装盒主表面的效果，如图13-18所示。

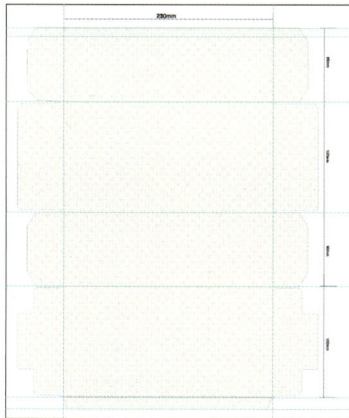

图 13-17

图 13-18

❺ 包装盒的侧面放置楼盘的 Logo 图形、宣传口号以及联系电话等信息，文字的字体选择常规的黑体，简洁、大方，并且注意文字大小的设置和排版效果，如图 13-19 所示。

❻ 其他各侧面放置相同的内容，注意在设计时需要将其他侧面的内容进行翻转处理，最终效果如图 13-20 所示。

图 13-19

图 13-20

13.3.4　对比分析

在设计产品包装时，要把握好所设计包装的尺寸。在制作各种不同的包装设计时，要注意版面色彩、版式、布局与搭配的协调。

设计初稿 »»»

1. 包装盒使用纯白色为背景，非常简洁，但过于单调。
2. 包装盒的正面放置楼盘效果图，但并没有其他任何的图形与文字，给人感觉主题不清楚。
3. 包装盒的侧面同样没有任何内容，缺少主题介绍，显得整个画面非常单调。

最终效果 »»»

1. 在包装盒纯白色的背景基础上添加花纹图形，丰富包装盒背景的表现效果。
2. 在包装盒正面楼盘效果图上方放置楼盘的 Logo 和宣传语，使得主题更加清晰、突出。
3. 在包装盒的侧面同时放置楼盘 Logo 和宣传语等相关内容，强化主题的表现，使包装盒版面显得更加饱满和充实。

13.4 饮料盒包装版式设计

包装盒的展示图通常都是特殊形状的，完成包装盒的印刷后，通过裁剪、折叠、粘贴等多道工序，才能够呈现出我们所看到的立体包装盒的效果。在设计包装盒时，需要设计其展开图，注意各部分的尺寸和位置。

13.4.1　项目分析

　　本案例设计一个饮料盒包装，在该包装盒的版面设计中使用该饮料原材料的实物摄影图片与各种圆弧状图形相结合，突出表现该饮料的原材料，并且通过各种圆形图形来丰富版面的表现效果，使用大号的粗体文字来表现产品名称，使得版面的表现效果非常丰富，整个包装盒版面的设计给人欢乐、丰富、新鲜的感觉。本案例所设计的饮料盒包装的最终效果如图 13-21 所示。

图 13-21

　　在该饮料盒包装的版面设计中主要以该饮料的原材料素材图像为主，使消费者能够清楚地理解该饮料的原材料是什么，并且展示了原材料的新鲜和诱人。本案例设计的饮料盒包装所使用的素材如图 13-22 所示。

图 13-22

13.4.2　配色分析

　　本案例所设计的饮料盒包装使用黄橙色作为版面的主色调，一方面黄橙色为该饮料原材料的本身色彩，可以使饮料与原产品之间建立起很好的联系，另一方面黄橙色能够表现出欢乐、悦人的氛围，非常适合食品饮料的配色。在该版面设计中使用同色系的色彩搭配，搭配不同明度的黄色和橙色图形，使整个包装盒版面的表现给人一种欢乐、和谐的氛围，让人感觉舒适、美味。

RGB(244、184、27)　　　　RGB(238、158、0)　　　　RGB(213、219、65)
CMYK(3、33、89、0)　　　CMYK(10、47、94、0)　　　CMYK(22、4、83、0)

13.4.3　设计思路

　　❶ 根据对产品尺寸及纸张等因素的分析，该饮料盒包装的尺寸为 72 mm×111mm×72mm，新建文档时可以创建一个比包装盒展开尺寸大一些的文档，并且不需要设置出血，如图 13-23 所示。

　　❷ 根据包装盒展开后各部分的尺寸，在文档中使用参考线定位各个面的位置，并标注出各个面的尺寸大小，如图 13-24 所示。

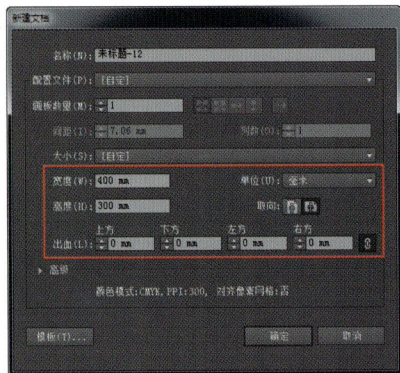

图 13-23

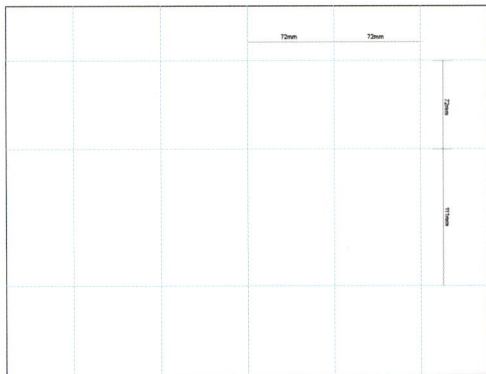

图 13-24

　　❸ 根据所设计的包装盒，绘制出该包装盒展开的各个面的背景，如图 13-25 所示。

　　❹ 以该产品的原材料图片作为版面的主要素材，一目了然，实物的照片也更能够表现该饮料的新鲜品质，搭配各种图形，使版面的表现效果更加丰富，如图 13-26 所示。

图 13-25

图 13-26

❺ 该饮料盒包装的侧面以简洁为主，放置产品名称和产品的介绍信息内容，并且需要突出产品名称的表现，如图 13-27 所示。

❻ 版面色彩以该饮料原材料本身的色彩为主，其他色彩应该以突出和烘托产品的色彩为标准，完成包装盒其他面的设计制作，最终效果如图 13-28 所示。

图 13-27

图 13-28

13.4.4　对比分析

在设计食品类包装盒版面时，为了配合产品给人的印象，版面应该以表现轻松、活泼为主，可以使用食品本身的色彩进行搭配，从而有效突出食品的表现效果。

设计初稿 ▶▶▶

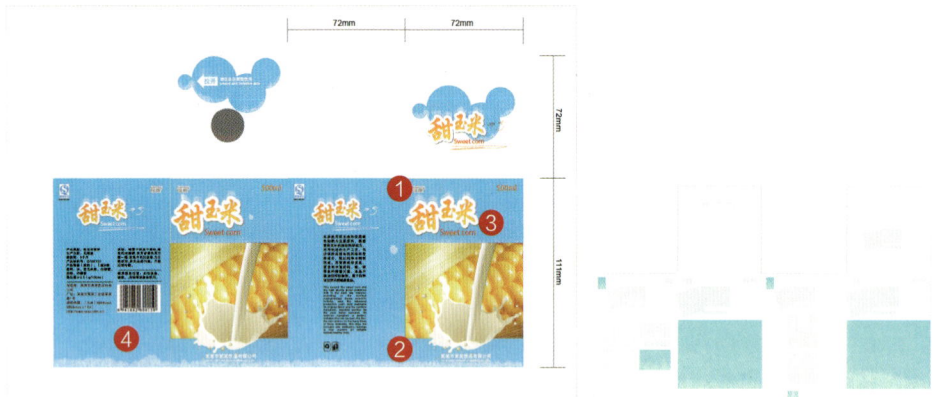

① 将包装盒的背景主色调设置为蓝色，与饮料原材料图片形成强烈的色彩对比，但蓝色无法与产品形成联系，并且蓝色不能给人诱人、美味的感觉。

② 版面中的素材图片使用矩形图形放置在版面中，感觉非常突兀，没有美感。

③ 版面中并没有添加其他的辅助图形，只有背景色与图片的搭配，显得单调。

④ 包装盒的侧面同样只是在纯色背景上放置文字说明内容，显得过于单调。

最终效果 ▶▶▶

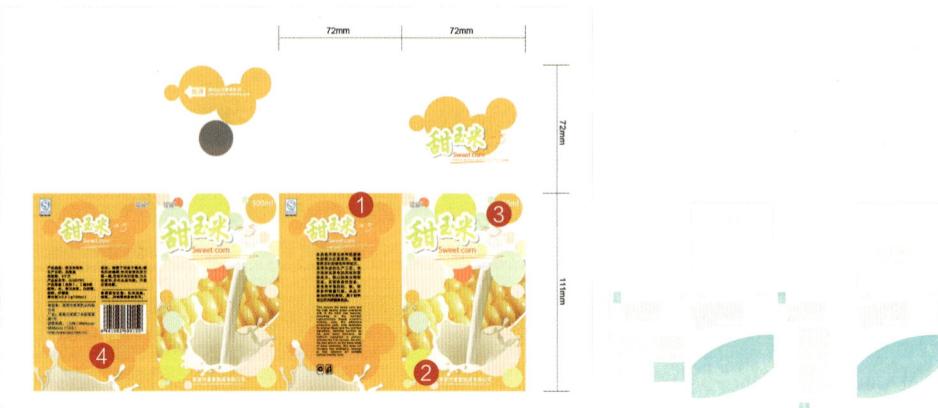

① 将包装盒的背景主色调设置为黄橙色，与饮料原材料的色彩相同，使该产品与原材料形成联系，并且橙黄色可以给人一种温暖、美味的感觉。

② 在包装盒的主版面中将主素材图像处理为圆弧状的图片效果，从而使图片的表现更加优美、灵动。

③ 在版面中搭配各种不同浅色调的正圆形，丰富版面的表现效果，使版面丰满而活泼。

④ 在包装盒侧面同样使用正圆形进行点缀，丰富侧面的表现效果，并且与其他面形成统一的风格。

第14章 ↘
网页的版式设计

网页不单是把各种信息简单地堆积起来能看或者表达清楚就行，还要考虑通过各种设计手段和技术技巧让受众能更多更有效地接收网站中的各种信息，从而对网站留下深刻的印象并催生消费行为，提升企业品牌形象。

本章将向读者介绍网页版式设计的相关知识和内容，并通过商业案例的分析讲解，使读者能够更加深入地理解网页版式设计的方法和技巧。

AYOUT DESIGN

14.1 网页版式设计概述

网页版式设计是展示企业形象、介绍产品和服务，以及体现企业发展战略的重要途径。随着网络的普及，网页的版式设计越来越受到人们的重视。

14.1.1 什么是网页版式设计

作为上网的主要依托，网页由于人们频繁地使用网络而变得越来越重要，网页版式设计也得到了发展。网页讲究的是排版布局和视觉效果，其目的是提供一种布局合理、视觉效果突出、功能强大、使用更方便的界面给每一个浏览者，使他们能够愉快、轻松、快捷地了解网页所提供的信息。

网页版式设计是指在有限的屏幕空间里，将网页中的文字、图像、动画、音频、视频等元素组织起来，按照一定的规律和艺术化的处理方式进行编排和布局，形成整体的视觉形象，达到有效传递信息的最终目的。网页设计决定了网页的艺术风格和个性特征，并以视觉配置为手段影响着网页页面之间导航的方向性，以吸引浏览者的注意，增强网页内容的表达效果。如图 14-1 所示为设计精美的网页版式效果。

图 14-1

提示 网页版式设计是以互联网为载体，以互联网技术和数字交互式技术为基础，依照客户的需求与消费者的需要设计有关商业宣传目的网站，同时遵循艺术设计规律，实现商业目的与功能的统一，是一种商业功能和视觉艺术相结合的设计。

14.1.2 网页版面的尺寸

网页设计的版面尺寸没有固定的标准，和显示器的大小及分辨率有关，设计时需要根据具体情况而定。

屏幕分辨率直接决定了网页版面的显示尺寸。网页的局限性就在于无法突破显示器的范围，而且因为浏览器也将占去不少空间，留下的页面范围变得越来越小。

在设计网页版面时，布局的难点在于用户各自的环境是不同的。在不同的屏幕分辨率下看起来都很美观的网页版式设计是相当困难的，如图 14-2 所示为网页在不同分辨率下的显示效果。

1366×768 分辨率显示　　　　　　1024×768 分辨率显示

图 14-2

由于浏览器本身要占有一定的尺寸，所以在分辨率为 1366×768 像素的情况下，页面的显示尺寸为 1349×600 像素；在分辨率为 1024×768 像素的情况下，页面的显示尺寸为 1003×600 像素。

在网页版面设计中，向下拖动页面是给网页增加更多内容（尺寸）的方法。但需要提醒大家，除非能够确定页面内容能够吸引大家拖动，否则不要让访问者拖动页面超过 3 屏。

> **提示**　　电脑屏幕一次显示的全部内容，称之为 1 屏。屏幕显示的范围大小与显示器大小、屏幕分辨率有直接的关系，分辨率越高，1 屏中显示的内容也就越多。

14.1.3　网页版面的构成要素

与传统媒体不同，网页版面中除了文字和图像以外，还包含动画、声音和视频等新兴多媒体元素，更有由代码语言编程实现的各种交互式效果，这些元素极大地增加了网页版面的生动性和复杂性，同时也使网页设计者需要考虑更多的页面元素的布局和优化。

1. 文字

文字元素是信息传达的主体部分，从网页最初的纯文字版面发展至今，文字仍是其他任何元素所无法取代的重要构成。这首先是因为文字信息符合人类的阅读习惯，其次是因为文字所占存储空间很少，节省了下载和浏览的时间。

网页版面中的文字主要包括标题、信息、文字链接等几种主要形式，标题是内容的简要说明，一般比较醒目，应该优先编排。文字作为占据页面重要比重的元素，同时又是信息的重要载体，它的字体、大小、颜色和排列对页面整体设计影响极大，应该多花心思去处理。如图 14-3 所示是典型的以文字排版为主的网页版面。整个网页的图像修饰很少，但是文字分类条理清晰，并没有单调的感觉，可见文字排版得当，网页版面同样可以生动活泼。

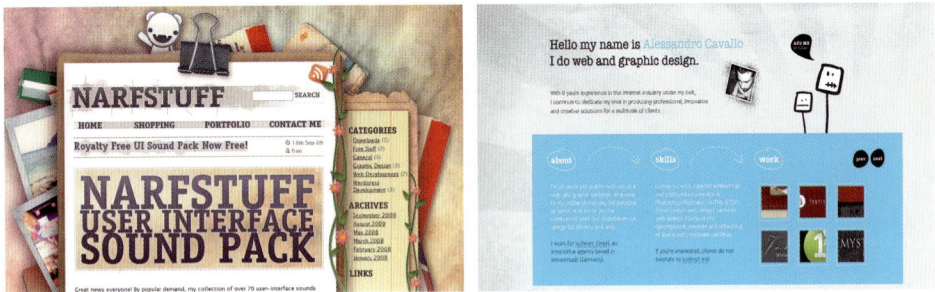

图 14-3

2. 图形符号

图形符号是视觉信息的载体，通过精练的形象代表某一事物，表达一定的含义，图形符号在网页版面设计中可以有多种表现形式，可以是点，也可以是线、色块，或是页面中的一个圆角处理等。如图 14-4 所示为网页版面中的图形符号元素表现效果。

图 14-4

3. 图像

图像在网页版面设计中有多种形式，图像具有比文字和图形符号都要强烈和直观的视觉表现效果。图像受指定信息传达内容与目的约束，但在表现手法、工具和技巧方面具有比较高的自由度，从而也可以产生无限的可能性。网页版式设计中的图像处理往往是网页创意的集中体现，图像的选择应该根据传达的信息和受众群体来决定。如图 14-5 所示为网页版面中的图像创意设计表现。

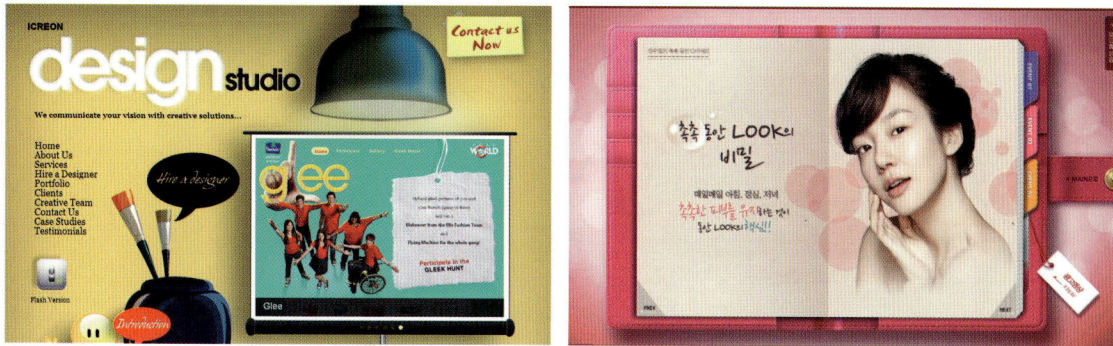

图 14-5

4. 多媒体

网页版面构成中的多媒体元素主要包括动画、声音和视频，这些都是网页版面构成中最吸引人的元素，但是网页版面还是应该坚持以内容为主，任何技术和应用都应该以信息的更好传达为中心，不能一味地追求视觉化的效果。如图 14-6 所示为网页版面中多媒体元素的应用效果。

图 14-6

5. 色彩

网页版面中的配色可以为浏览者带来不同的视觉和心理感受，它不像文字、图像和多媒体等元素那样直观、形象，它需要设计师凭借良好的色彩基础，根据一定的配色标准，反复试验、感受之后才能够确定。有时候，一个好的网页版面往往因为选择了错误的配色而影响整个网页的设计效果，如果色彩使用得恰到好处，就会得到意想不到的效果。

色彩的选择取决于"视觉感受"。例如，与儿童相关的网站可以使用绿色、黄色或蓝色等一些鲜亮的颜色，让人感觉活泼、快乐、有趣、生气勃勃；与爱情交友相关的网站可以使用粉红色、淡紫色和桃红色等，让人感觉柔和、典雅；与手机数码相关的网站可以使用蓝色、紫色、灰色等体现时尚感的颜色，让人感觉时尚、大方、具有时代感。如图 14-7 所示为网页版面中的配色效果。

图 14-7

14.1.4　网页版式设计流程

网页版式设计是一个感性思考与理性分析相结合的复杂过程，对设计师自身的美感以及对版面的把握有较高的要求。网页版式设计的流程主要可以分为如下几个步骤。

1.　分析定位

这一阶段主要是根据客户的要求以及具体网站的性质来确定网页版面的设计风格，进行综合分析之后确定设计思路。

2.　设计构思

在了解了情况的基础上完成研究分析之后，就进入了设计构思的阶段。根据客户所提供的图片、文字、视频等内容进行大致位置的规划，设计网页版面布局。

3.　方案设计阶段

将研究分析的结果在电脑上呈现出来，这时往往会出现诸多在草图中无法暴露的问题，逐个进行分析解决。结合版面色彩、构图等因素综合考虑，制作出网页平面设计稿，供客户进行审核。

4.　网页切割

确定网页版面的设计方案之后，将版面中的图片进行合理切割，以保证最终网页的浏览速度。

5.　网页制作

当网页版面的所有设计程序完成之后，就进入到网页制作阶段，需要使用专业的网页制作软件(如Dreamweaver)将网页设计稿制作成最终的网页。

14.2　网页版式设计原则

网页作为传播信息的一种载体，也要遵循一些设计的基本原则。但是，由于表现形式、运行方式和社会功能的不同，网页版式设计又有其自身的特殊规律。网页版式设计，是技术与艺术的结合，内容与形式的统一。

14.2.1　以用户为中心

以用户为中心的原则实际上就是要求设计者要时刻站在浏览者的角度来考虑，主要体现在以下几个方面。

1. 使用者优先观念

无论什么时候，不管是在着手准备设计网页版面之前、正在设计之中，还是已经设计完毕，都应该有一个最高行动准则，就是使用者优先。使用者想要什么，设计者就要去做什么。如果没有浏览者去光顾，再好看的网页版面都是没有意义的。

2. 考虑用户浏览器

还需要考虑用户使用的浏览器，如果想要让所有的用户都可以毫无障碍地浏览页面，那么最好使用所有浏览器都可以阅读的格式，不要使用只有部分浏览器可以支持的 HTML 格式或程序技巧。如果想来展现自己的高超技术，又不想放弃一些潜在的观众，可以考虑在主页中设置几种不同的浏览模式选项（如纯文字模式、Frame 模式、Java 模式等），供浏览者自行选择。

3. 考虑用户的网络连接

还需要考虑用户的网络连接，浏览者可能使用 ADSL、高速专线、小区光纤。所以，在进行网页版面设计时就必须考虑这种状况，不要放置一些文件量很大、下载时间很长的内容。网页版面设计制作完成之后，最好能够亲自测试一下。

14.2.2　视觉美观

网页版面设计首先需要能够吸引浏览者的注意力，由于网页内容的多样化，传统的普通网页不再是主打的环境，Flash 动画、交互设计、三维空间等多媒体形式开始大量在网页版面设计中出现，给浏览者带来不一样的视觉体验，视觉效果增色不少，如图 14-8 所示。

图 14-8

在对网页版面进行设计时，首先需要对网站页面进行整体的规划，根据信息内容的关联性，把页面分割成不同的视觉区域；然后再根据每一部分的重要程度，采用不同的视觉表现手段，分析清楚网页中哪一部分信息是最重要的，什么信息次之，在设计中才能给每个信息一个相对正确的定位，使整个网页结构条理清晰，并综合应用各种视觉效果表现方法，为用户提供一个视觉美观、操作方便的网页版面。

14.2.3　主题明确

　　网页版面设计表达的是一定的意图和要求，有明确的主题，并按照视觉心理规律和形式将主题主动地传达给观赏者，以使主题在适当的环境里被人们及时理解和接受，从而满足其需求。这就要求网页版面设计不但要单纯、简练、清晰和精确，而且在强调艺术性的同时，更应该注重通过独特的风格和强烈的视觉冲击力来鲜明地突出设计主题，如图 14-9 所示。

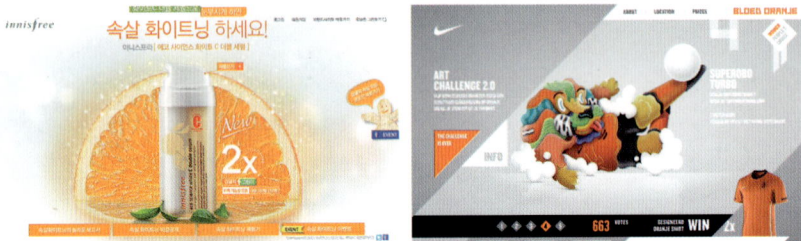

图 14-9

　　网页版式设计属于艺术设计范畴的一种，其最终目的是达到最佳的主题诉求效果。这种效果的取得，一方面要通过对网页主题思想运用逻辑规律进行条理性处理，使之符合浏览者获取信息的心理需求和逻辑方式，让浏览者快速理解和吸收；另一方面还要通过对网页构成元素运用艺术的形式美法则进行条理性处理，以更好地营造符合设计目的的视觉环境，突出主题，增强浏览者对网页的注意力，增进对网页内容的理解。只有这两个方面有机的统一，才能实现最佳的主题诉求效果，如图 14-10 所示。

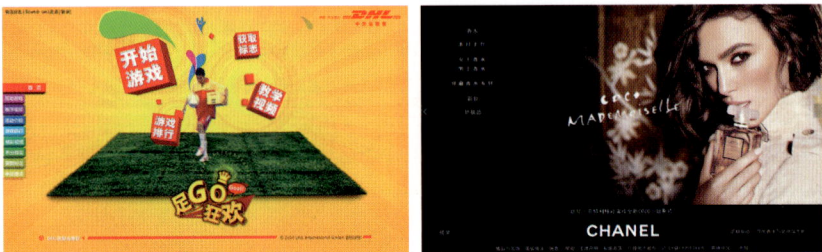

图 14-10

　　优秀的网页版式设计必然服务于网站的主题，也就是说，什么样的网页应该有什么样的设计。例如，设计类的个人网站与商业网站的性质不同，目的也不同，所以评论的标准也不同。网页版式设计与网页主题的关系应该是这样的：首先设计是为主题服务的；其次设计是艺术和技术结合的产物，就是说，既要"美"，又要实现"功能"；最后"美"和"功能"都是为了更好地表达主题。当然，在某些情况下，"功能"就是主题，"美"就是主题。例如，百度作为一个搜索引擎，首先要实现"搜索"

的"功能"，它的主题就是它的"功能"，如图 14-11 所示。而一个个人网站，可以只体现作者的设计思想，或者仅仅以设计出"美"的网页为目的，它的主题只有"美"，如图 14-12 所示。

图 14-11

图 14-12

只注重主题思想的条理性而忽视网页构成元素空间关系的形式美组合，或者只重视网页形式上的条理性而淡化主题思想的逻辑，都将削弱网页主题的最佳诉求效果，难以吸引浏览者的注意力，也就不可避免地出现平庸的网页版式设计或使网页版式设计以失败而告终。

提示　一般来说，我们可以通过对网页的空间层次、主从关系、视觉秩序及彼此间的逻辑性的把握运用，来达到使网页版面从形式上获得良好的诱导力，并鲜明地突出诉求主题的目的。

14.2.4　内容与形式统一

任何设计都有一定的内容和形式。设计的内容是指它的主题、形象、题材等要素的总和，形式就是它的结构、风格设计语言等表现方式。优秀的设计必定是形式对内容的完美表现。

一方面，网页版式设计所追求的形式美必须适合主题的需要，这是网页版式设计的前提。只追求花哨的表现形式以及过于强调"独特的设计风格"而脱离内容，或者只求内容而缺乏艺术的表现，网页版面设计都会变得空洞无力。设计师只有将这两者有机统一起来，深入领会主题的精髓，再融合自己的思想感情，找到一个完美的表现形式，才能体现出网页版面设计独具的分量和特有的价值。另一方面，要确保网页上的每一个元素都有存在的必要性，不要为了炫耀而使用冗余的技术，那样得到的效果可能会适得其反。只有通过认真设计和充分考虑来实现全面的功能并体现美感，才能实现形式与内容的统一，如图 14-13 所示。

网页版面具有多屏、分页、嵌套等特性，设计师可以对其进行形式上的适当变化以达到多变的处理效果，丰富整个网页版面的形式美。这就要求设计师在注意单个页面形式与内容统一的同时，也不能忽视同一主题下多个分页面组成的整体网站的形式与整体内容的统一，如图 14-14 所示。因此，在网页版式设计中必须注意形式与内容的高度统一。

图 14-13

图 14-14

14.2.5　有机的整体

　　网页版面的整体性包括内容和形式上的整体性，这里主要讨论设计形式上的整体性。

　　网页是传播信息的载体，设计时强调其整体性，可以使浏览者更快捷、更准确、更全面地认识它、掌握它，并给人一种内部联系紧密，外部和谐完整的美感。整体性也是体现一个网页版面独特风格的重要手段之一。

　　网页版面的结构形式是由各种视听要素组成的。在设计网页版面时，强调页面各组成部分的共性因素或者使各个部分共同含有某种形式特征，是形成整体的常用方法。这主要从版式、色彩、风格等方面入手。在版式上对界面中各视觉要素全盘考虑，以周密的组织和精确的定位来获得页面的秩序感，即使运用"散"的结构，也要经过深思熟虑之后才决定；一个网站通常只使用两到三种标准色，并注意色彩搭配的和谐；对于分屏的长页面，不能设计完第一屏，再去考虑下一屏。同样，整个网站内部的页面，都应该统一规划，统一风格，让浏览者体会到设计者完整的设计思想，如图 14-15 所示。

提示　　从某种意义上讲，强调网页版面结构形式的整体性必然会牺牲灵活的多变性。因此，在强调页面整体性设计的同时必须注意，过于强调整体性可能会使网页版面呆板、沉闷，导致影响浏览者的兴趣和继续浏览的欲望。注意，"整体"是"多变"基础上的整体。

图 14-15

14.3　产品广告宣传网页版式设计

产品广告宣传网页最重要的是突出表现广告中的主题和产品，设计精美的产品宣传广告和图片非常重要。

14.3.1　项目分析

本案例设计的产品广告宣传网页，首页面使用设计精美的广告图像作为页面背景，搭配简洁明了的文字内容，并且对文字内容的处理方式也采用了平面设计与杂志封面的处理方式，表现出强烈的时尚感。二级页面使用冷暖对比的色彩，强烈地突出产品，使页面表现出强烈的动感和视觉冲击力。本案例所设计的产品广告宣传网页的效果如图 14-16 所示。

图 14-16

本案例所设计的产品广告宣传网页使用设计精美的产品广告图像作为网站首页面的背景，使网页版面给人感觉像是一幅精美的时尚杂志，在版面中还使用了去底处理的产品图片，并将产品图片放置在版面的中间位置，突出表现产品的效果。本案例设计的产品广告宣传网页所使用的素材如图 14-17 所示。

图 14-17

14.3.2 配色分析

本案例所设计的产品广告宣传网页使用橙色与咖啡色的文字相搭配，在广告背景图像的衬托下非常醒目，二级页面使用红色与蓝色作为背景色，形成强烈的色彩对比，突出产品的表现，文字则主要采用白色和灰色，使文字在背景色的衬托下更加鲜明。

RGB(245、130、32)　　　RGB(37、92、164)　　　RGB(188、44、25)
CMYK(3、62、88、0)　　CMYK(88、66、13、0)　　CMYK(33、94、100、1)

14.3.3 设计思路

❶ 将页面尺寸设置为 1600×1600 像素，页面宽度比较宽，主要是为了适应大分辨率的屏幕浏览时也能够使页面的背景显示完整，而页面的高度则需要根据页面中内容的多少进行设置，如图 14-18 所示。

❷ 为了使网页的表现效果更加突出，在网页第一屏使用产品宣传广告图片作为背景图片，并且制作出倾斜的广告语内容，使网页版面表现出时尚、动感的氛围，如图 14-19 所示。

提示 网页与前面章节中介绍的其他印刷品不同，网页最终是在屏幕中进行查看的而不需要印刷，所以在设计网页版面时只需要将分辨率设置为 72 像素 / 英寸即可，并且颜色模式为 RGB 颜色，这也是屏幕显示颜色的方式。

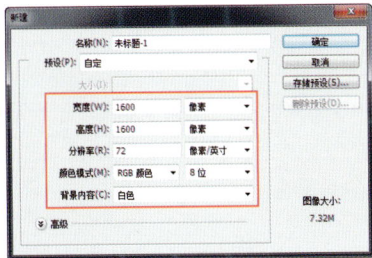

图 14-18

图 14-19

❸ 在版面的右侧以垂直圆形的方式来安排页面导航，表现形式活泼，并且不会影响整体页面的表现效果，如图 14-20 所示。

❹ 在该页面的下方，使用呈现强烈对比的不规则蓝色和橙色色块来分割版面，使版面具有强烈的对比效果，如图 14-21 所示。

图 14-20

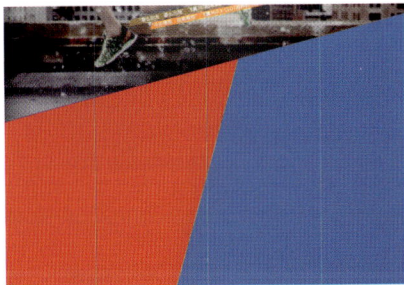

图 14-21

❺ 在第二屏版面的中间位置放置产品图片，并且在产品图片上方使用大号加粗字体表现宣传口号，突出产品的表现效果，如图 14-22 所示。

❻ 使用自由的排列方式，在产品图片周围放置有关产品的介绍内容，使整个网页版面的表现效果更加时尚、时由，效果如图 14-23 所示。

图 14-22

图 14-23

14.3.4 对比分析

网页设计非常讲究编排和布局，与平面设计有许多相似之处，需要通过文字与图形的空间组合，表达出和谐的美感。

设计初稿 ▶▶▶

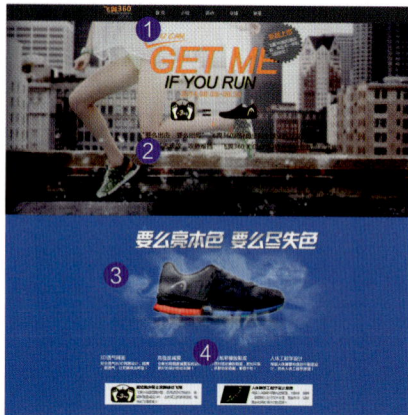

① 将网页导航采用常规方式放置在版面的最上方，版面表现过于普通。

② 版面中的广告语使用横排方式，无法体现动感，并且文字可读性较差。

③ 版面下方蓝色的纯色背景，表现效果不够强烈。

④ 在产品下方使用常规方式来排列产品说明内容，产品说明与产品的联系不够紧密，表现效果单一。

最终效果 ▶▶▶

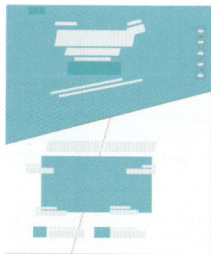

① 将网页导航使用圆形方式放置在版面的右上角位置，丰富网页版面表现效果。

② 将广告语使用背景色块进行衬托，更加清晰，并且将其进行倾斜处理，使版面更富有动感。

③ 在版面下方使用橙色和蓝色的不规则色块产生强烈的对比，突出产品表现效果。

④ 将产品说明文字围绕产品图片放置，并使用直线指向产品，表现效果更加自由。

14.4　珠宝首饰网页版式设计

网页版式是整个网站的"脸"，网页能否吸引消费者，是否能够引起消费者的兴趣，是否还能够吸引消费者再次光临，其版式设计是至关重要的。

14.4.1　项目分析

珠宝首饰类网页的重点是产品，需要突出产品的表现效果。在本案例所设计的珠宝首饰网页版面中，在页面中心位置运用大图轮换的方式展示珠宝产品，突出珠宝的显示效果，而导航菜单等其他内容则放置在版面中面积相对较小的区域，使得版面具有很强的感染力和产品宣传展示效果。本案例所设计的珠宝首饰网页的最终效果如图 14-24 所示。

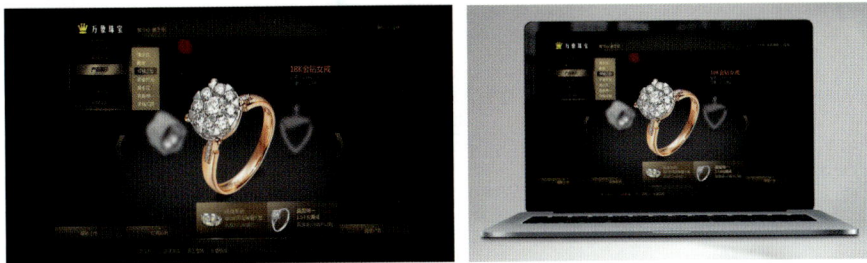

图 14-24

在该珠宝首饰网页版面的设计中主要用到的素材图像是珠宝首饰的产品图片，为了突出产品图片的表现效果，在版面中几乎没有使用其他辅助素材，仅仅在背景部分为了使整个页面的表现更加美观使用了光影素材，使整个版面的表现效果更加华丽。本案例设计的珠宝首饰网页所使用的素材如图 14-25 所示。

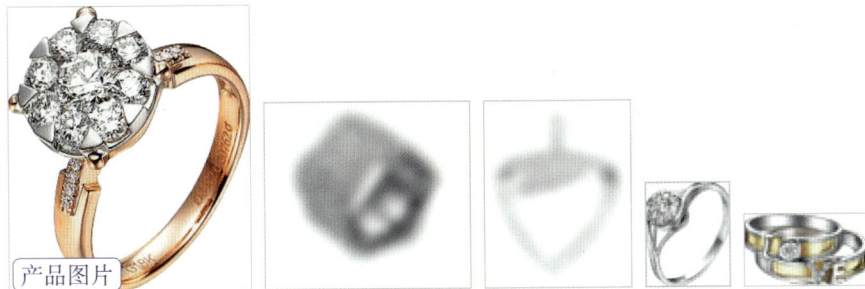

图 14-25

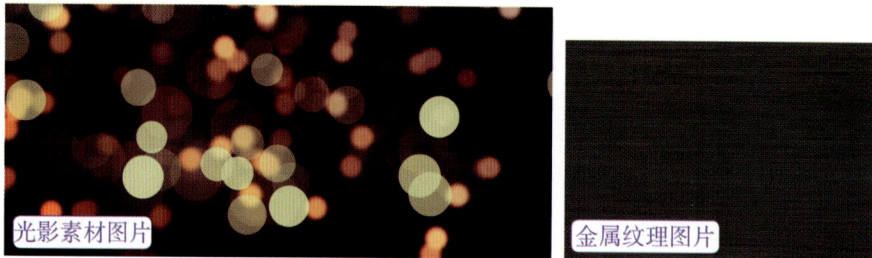

图 14-25(续)

14.4.2　配色分析

　　该珠宝首饰网页版面使用黑色和深灰色作为页面的主色调，在深灰色的页面背景上放置精美的珠宝首饰图片，可以有效地突出珠宝首饰的产品效果，使产品璀璨夺目。搭配明度和纯度较低的黄色文字，体现出产品的尊贵品质，整个网页版面给人一种高档、华贵的视觉印象。

RGB(0、0、0)　　　　RGB(65、65、65)　　　　RGB(173、148、94)
CMYK(0、0、0、100)　CMYK(76、70、67、33)　CMYK(40、43、68、0)

14.4.3　设计思路

　　❶ 将页面尺寸设置为 1280×650 像素，超出页面的部分可以使用背景颜色平铺，从而保证页面的完整性，而高度为 650 像素可以控制在一屏以内，如图 14-26 所示。

　　❷ 使用黑色的纯色作为网页的背景色彩，搭配光影素材的处理，页面背景简洁，能够突出表现产品的高档感，如图 14-27 所示。

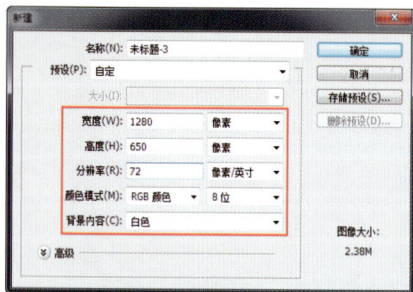 

图 14-26　　　　　　　　　　　　　　图 14-27

❸ 在网页顶部安排导航菜单，使用纹理素材背景突出导航菜单的表现效果，如图 14-28 所示。

❹ 在版面的中间位置使用大幅的版面来展现产品效果，并且对产品图片进行处理，使用清晰和模糊的产品图片相搭配，很好地表现出版面的空间感和层次感，如图 14-29 所示。

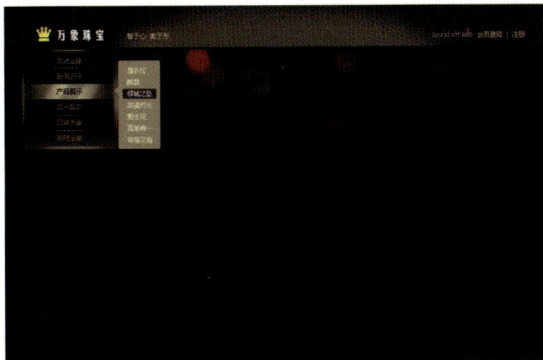
图 14-28

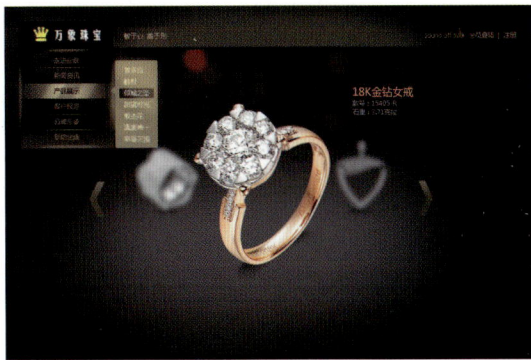
图 14-29

❺ 整个页面使用上下构图方式，上部为导航菜单，中间主体部分为产品展示区域，底部为产品类型的选择和版底信息部分，整个页面的结构层次清晰，产品表现效果突出，如图 14-30 所示。

图 14-30

14.4.4　对比分析

网页版式设计的是否新颖、是否独特，决定了大多数浏览者对该网页内容和信息的关注，在该基础上，网页才能够更好地为企业服务，将产品、服务等推销给浏览者。

设计初稿 >>>

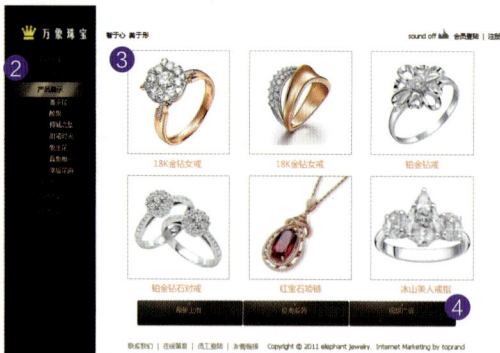

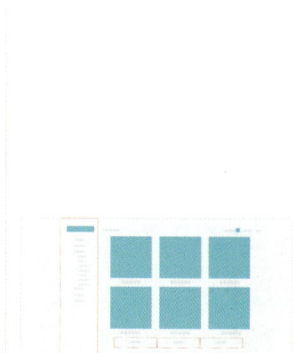

① 使用纯白色作为页面的背景色，整个页面显得简洁、单纯，但是白色的背景色无法突出表现首饰产品的璀璨夺目效果。

② 将导航以垂直方式放置在页面的左侧，并且将一级导航和二级导航放置在一起，导航级别划分不清晰。

③ 在页面中采用传统的网格方式来排列产品图片，每个产品图片的大小相同，这样的方式使页面看起来非常整齐，但是其表现效果过于单一，无法吸引浏览者。

④ 版面下方的产品类别使用背景色块加文字的方式，同样表现效果过于单一，页面显得平淡，没有特点。

最终效果 >>>

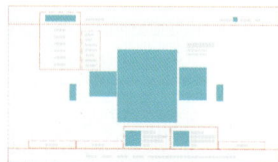

① 使用纯黑色作为页面的背景色，能够有效地突出表现首饰产品的璀璨夺目效果，使产品的表现更加清晰、突出，并且黑色能够给人一种高级感。

② 同样采用垂直导航的方式，但是将一级导航和二级导航分为两个部分，并且使用不同的背景颜色，有效地进行区分，层次清晰、直观。

③ 在页面的中间位置使用焦点图轮换的方式来展示产品，首先产品的表现效果非常突出，其次还能够为页面增添层次感和空间感。

④ 在页面下方的产品类别部分加推荐产品的表现，使得页面富有变化，更加具有层次。